钆锆烧绿石固化体的 α 及重离子辐照效应

卢喜瑞　舒小艳　魏贵林　王　玮　著

科学出版社

北京

内 容 简 介

本书共 7 章，主要内容包括高放废物固化基材概述、钆锆烧绿石的结构与性质及其作为高放废物固化基材的特点、粒子辐照技术原理及其在材料领域的应用，以及钆锆烧绿石三/四价锕系模拟核素、双锕系模拟核素、模拟 TRPO 废物、U_3O_8 等固化体的辐照效应（包括 α 及重离子辐照）；通过对辐照后的固化体的微观形貌和微观结构的分析，总结烧绿石作为固化基材的特点。本书结构体系完整，逻辑思路明确，语言表达清晰，步骤描述细致，实验过程系统完整，数据详细且丰富，图文并茂，具有较强的参考性、指导性及可操作性，及时、精确地反映了国内外在该领域的最新研究成果。

本书可供从事高放废物固化处理的工程技术人员参考，也可供相关院校、专业的师生参考阅读。

图书在版编目(CIP)数据

钆锆烧绿石固化体的 α 及重离子辐照效应 / 卢喜瑞等著. —北京：科学出版社，2020.3

ISBN 978-7-03-064149-6

Ⅰ. ①钆… Ⅱ. ①卢… Ⅲ. ①烧绿石—辐射效应—研究 Ⅳ. ①P578.4 ②TL7

中国版本图书馆 CIP 数据核字(2020)第 017387 号

责任编辑：冯　铂　黄　桥 / 责任校对：杜子昂
责任印制：罗　科 / 封面设计：墨创文化

科 学 出 版 社 出版

北京东黄城根北街 16 号
邮政编码：100717
http://www.sciencep.com

成都锦瑞印刷有限责任公司印刷

科学出版社发行　各地新华书店经销

*

2020 年 3 月第 一 版　开本：787×1092　1/16
2020 年 3 月第一次印刷　印张：8
字数：190 000

定价：99.00 元

（如有印装质量问题，我社负责调换）

前　言

近年来，随着国民经济的快速发展，各行各业对能源的需求大大增加。以前主要利用的能源(如石油、天然气等)都是不可再生的化石能源。燃烧大量化石能源会造成温室效应，也使得 $PM_{2.5}$ 指数严重超标。与此同时，这些化石能源作为不可再生能源，可被人类利用的储量有限。为了缓和这种现状，各国将目标转向核能。我国积极开展节能减排工作，大力提倡发展绿色清洁能源，其中核能是主要的清洁能源之一。然而目前发展的核能主要是核裂变能，核能的发展也带来了一系列亟待解决的问题。我国在核能利用过程中堆积了大量的核废料，同时核燃料后处理的政策尚不完善，缺乏有效处理高放废物的措施。目前普遍认为，如何安全有效地处理高放废物将直接影响核能未来的发展。

当前，高放废物较为安全有效的处置方式是固化后进行深地质处置，这对固化基材的选择有一定的要求。常见的高放废物固化基材有玻璃、陶瓷和人造岩石等。其中人造岩石，尤其是钆锆烧绿石，具有良好的理化性质和对核素较大的包容性，被广泛运用于高放废物固化中。因此本书对钆锆烧绿石模拟核素固化体进行 α 和重离子辐照，通过物相、形貌及结构分析研究钆锆烧绿石模拟核素固化体的辐照效应。

本书利用钆锆烧绿石作为固化基材，通过 α 及重离子辐照实验研究不同模拟核素固化体的辐照效应。本书共 7 章。第 1 章为高放废物固化基材概述，主要介绍高放废物固化基材的选取原则和研究现状。第 2 章为钆锆烧绿石的结构与性质及其作为高放废物固化基材的特点，重点介绍钆锆烧绿石的力学性能、热物理性能和电学性能。第 3 章为粒子辐照技术原理及其在材料领域的应用，主要包括粒子辐照的种类和它在材料领域的应用。第 4 章从配方设计和物相、微观形貌变化等方面介绍钆锆烧绿石三、四价锕系模拟核素固化体的辐照效应。第 5 章介绍钆锆烧绿石双锕系模拟核素固化体的辐照效应。第 6 章讲述钆锆烧绿石模拟 TRPO 废物固化体的辐照效应。第 7 章介绍钆锆烧绿石 U_3O_8 固化体的辐照效应。本书较为系统地展示了钆锆烧绿石处理处置不同模拟核素后所得固化体的 α 及重离子辐照效应，并对固化体进行稳定性能评价。

卢喜瑞负责全书的统稿。卢喜瑞、舒小艳撰写第 1 和 2 章。卢喜瑞、舒小艳、刘益撰写第 3 章。舒小艳、卢喜瑞、魏贵林撰写第 4 章。魏贵林、卢喜瑞、李炳生撰写第 5 章，卢喜瑞、王玮撰写第 6 章。王玮、魏贵林、卢喜瑞撰写第 7 章。李炳生、刘益、王玮、魏贵林负责本书图、表的加工和整理。本书编写过程中参考了许多国内外专家的论著，在此一并表示感谢。

核废物与环境安全国防重点学科实验室、四川省军民融合研究院、西南科技大学分析测试中心、中国工程物理研究院化工材料研究所、中国科学院近代物理研究所 320kV 高电荷态离子综合研究平台等对本书的研究工作提供了大量的帮助和支持，对相关单位及个人表示衷心的感谢。因作者的水平和经验有限，本书难免存在一定的不足之处，恳请读者批评指正。

作　者

2019 年 5 月 24 日

目　　录

第1章 高放废物固化基材概述

随着科技的快速发展与社会的不断进步，核技术在核电、环境、国防军事、工业生产、生态农业、医疗等诸多领域发挥出越来越大的作用。核能作为一种高效无污染的清洁能源，为人类社会带来了巨大的社会效益和经济效益。但与此同时，在核工业运行过程中难免要产生一定的放射性废物，如果这些废物得不到安全有效的处理和处置，将对人类的生存环境及核工业可持续发展构成潜在的威胁。根据《2017~2022 年中国核废料处理市场运行态势及投资战略研究报告》测算（图 1.1），到 2025 年我国乏燃料预

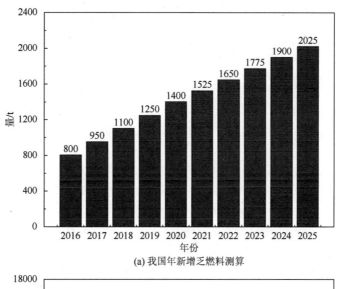

(a) 我国年新增乏燃料测算

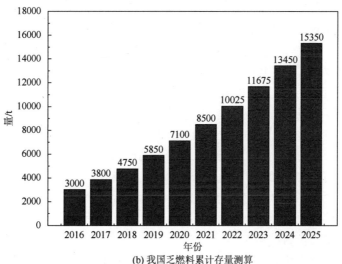

(b) 我国乏燃料累计存量测算

图 1.1 《2017~2022 年中国核废料处理市场运行态势及投资战略研究报告》测算结果[1]

计增加 2025t，累计乏燃料将增加至 15350t，如此多乏燃料的产生，给乏燃料的安全处理带来更高的要求和更大的挑战。对放射性废物的安全处理与处置成为我国面临的重要课题[1]。

放射性废物除了来自核电厂的乏燃料，还包括医学放射治疗、工业探伤、地质勘探和军事工程等方面所产生的放射性废物。按国际惯例和经验，根据废料放射活度和衰变周期，放射性废物分为低放废物(low level radioactive waste，LLW)、中放废物(intermediate level radioactive waste，ILW)和高放废物(high level radioactive waste，HLW)三大类[1, 2]。对于中低放废物的处理和处置，目前技术已经相对比较成熟[3-5]。

1.1 高放废物固化基材的选取原则

高放废物是现存核废物中最难处理的废物形式之一，它主要以高放废液(废水)形式存在。虽然高放废物的体积还不及核燃料循环所形成放射性废物体积的 1%，但它所含的放射性超出了核燃料循环总放射性的 99%。高放废物的特点主要有以下五个方面[6, 7]。

(1)放射性强。放射性废物所产生的射线通过物质时，会引起组成物质原子的电离或激发，从而使物质产生辐照损伤。反应堆高放废液的放射性普遍高于 10^{11}Bq/L，这种强放射性容易引起水的分解，从而生成大量的氢气使堆内气体体积不断增大，造成气体过压而爆炸。

(2)毒性大。高放废物组分复杂，许多核素属于极毒或高毒组，对生物具有极大危害，并且处理困难，毒性难以清除，只能任其衰变至无害化水平。

(3)半衰期长。高放废物中部分核素的半衰期较长，例如，^{90}Sr 和 ^{137}Cs 需要隔离 300～500 年才能达到安全水平；^{239}Pu、^{99}Tc 等锕系核素则需要几十万年甚至更长时间才能达到安全水平。

(4)释热率高。^{90}Sr 和 ^{137}Cs 等核素都有较高的释热率，据估算，即使经过 10 年的暂存，其释热率也仅能降低到初始量的 80%左右。

(5)酸性、腐蚀性强。由于在核燃料循环处理流程中常常需要用到硝酸等酸性物质来溶解燃料元件的包壳，这导致所产生的废液腐蚀性较强(酸度可达 6mol/L 左右)。

另外，放射性废物会对人体造成极大的危害，主要分为物理、化学和生物损伤三大类，在多数情况下主要表现为物理损伤(辐照作用)[8]。其作用机理一方面是通过外照射对人体外部器官造成损伤；另一方面是通过呼吸和饮食过程进入人体内部，直接对人体的内部组织器官产生内照射损伤，严重时可造成大部分器官衰竭甚至危及个体生命。辐照对人类的伤害并不只是短期性的，从遗传学角度来看，经过辐照后人体组织细胞的原子和分子会被辐照激发与电离，所产生的化学变化有可能使细胞的功能、代谢活动和分裂繁殖能力受损，并且有较大可能使细胞内遗传物质发生畸变，引发细胞突变，其中体细胞突变会导致癌症，而生殖细胞突变将会影响数代人[9]。

综上所述，对高放废物的处理和处置成为目前放射性废物处理领域中的最大难题之一，这一难题的解决直接关系到核技术的可持续发展。随着相关研究的深入，科学家逐渐意识到如果对高放废物进行固化处理,应根据其放射性强、半衰期长、毒性大和释热率高等特点来选取合适的固化体材料,其选取的原则如下[10]。

(1)对高放废物具有较高的包容量(即高的固溶度)。

(2)地质处置条件下有非常好的化学耐久性(即低的浸出率)。

(3)核素自辐照条件下有非常好的抗辐照性。

1.2　高放废物固化基材的研究现状

截至目前,国内外已对高放废物固化体材料开展了大量研究工作,并利用玻璃作为基材对高放废液开展了工业化处理。研究现状总结如下。

1.2.1　玻璃作为高放废物固化基材研究现状

玻璃是一种化学性质不活泼的物质,在高温状况下呈液态而且能溶解多种氧化物,成为目前世界上广泛研究和应用的一种高放废物固化基材。玻璃固化的原理是将高放废物或其煅烧物与玻璃基料混合,经高温熔融后冷却凝固成均匀的玻璃质固体。高放废物主要是乏燃料后处理产生的高放废液及其固化体、准备直接处置(一次通过式)的乏燃料及相应放射性水平的其他废物。

在高放废液的玻璃固化中,将高放废液或浓缩高放废液中加入含 Si、Al、B 等元素的氧化物原料,在高温下(1100~2200K)进行高温熔融玻璃固化处理。其中,高价的阳离子(如 Si^{4+}、B^{3+}、Pu^{4+}、Zr^{4+}、Al^{3+} 等)会进入玻璃网络中成为网络形成体,而低价的阳离子(如 Na^+、Ca^{2+}、Mg^{2+}、Sr^{2+}、Cs^+ 等)会填充在网络周围成为网络补偿体[11],并通过巨大的黏阻力和密实度阻止核素的迁移,从而达到对废物固化处理的目的。玻璃固化处理高放废物技术已发展近 30 年,较为成熟,在很多国家已经得到了工程化应用。通常玻璃固化废物的包容量(质量分数,余同)为 10%~30%,浸出率为 $10^{-5}g/(cm^2 \cdot d)$[6-8, 10]。

作为高放废液固化载体的玻璃主要有硼硅酸盐玻璃、磷酸盐玻璃、高硅玻璃和铝酸盐玻璃(表 1.1)。硼硅酸盐玻璃是目前研究最深、运用最广的玻璃固化体。与其他玻璃相比,硼硅酸盐玻璃具有较好的耐腐蚀性、抗辐照性和较高的化学稳定性,成为应用最广泛的第一代高放废液玻璃固化基材。但玻璃属于热力学亚稳态物质,热稳定性不高,在处置库数百摄氏度高温和潮湿的条件下,玻璃的稳定性将受到严酷的考验,很可能造成浸出率的上升,这将对固化体的性能提出较高的要求。为改善玻璃固化体的性能,目前很多国家在开展其基材改性的研究工作,如铁磷酸盐玻璃和镧硼酸盐玻璃相继被研究出来,根据公开数据,其性能优于传统的玻璃固化体性能。

表 1.1　几种主要玻璃固化体描述[12]

固化方法	描述	特点	其他
硼硅酸盐玻璃固化	将高放废液(或其他煅烧物)和硼硅酸盐玻璃基料混合熔融,冷却制成均质玻璃,核素固定于玻璃三维网络结构中	浸出率低,包容量大,对废液组成变化不敏感;热力学不稳定,容易反玻璃化	已经进入实用阶段

续表

固化方法	描述	特点	其他
磷酸盐玻璃固化	制备方法与硼硅酸盐玻璃固化一致，废物核素固定于磷酸盐玻璃三维网络结构中	浸出率、包容量与硼硅酸盐玻璃相近；对废液组成适应性强；熔融玻璃腐蚀性强，其耐腐蚀性和稳定性不及硼硅酸盐玻璃	主要在俄罗斯应用
高硅玻璃固化	含硼量高的硼硅酸盐玻璃经过热处理和酸化处理，制成由 SiO_2 组成的多孔玻璃，吸附高放废液后烧成致密的玻璃固化体	长期稳定性好，化学稳定性高于硼硅酸盐玻璃；但工艺复杂，Cs 的挥发损失大，不适合固化高 Cs 含量废液	缺乏系统研究
铝酸盐玻璃固化	主要针对特定高放废液(高铝含量)而开发，其化学成分为 Na_2O、CaO、Al_2O_3 和 SiO_2 等	抗浸出性好，但适用面窄	—

经过多年的研究与改进，高放废液玻璃固化技术得到不断发展和进步，目前已形成了如下四代技术[9]。

(1) 一代的罐式法：罐式法是液体加料，批量生产工艺。将高放废液和玻璃形成剂加入因科镍合金制成的金属熔炉中，熔炉由中频加热器分段加热和控制温度。高放废液在熔炉中蒸发、干燥、煅烧、熔融和澄清，最后由底部出料。罐式法的优点是工艺简单，投资少；主要缺点是生产量少，熔炉寿命短，熔铸约 30 批料就要更换一个熔炉。

(2) 二代的煅烧-感应熔炉法：首先将高放废物加入回转煅烧炉中蒸发、干燥和煅烧；然后将获得的煅烧物与玻璃形成剂分别加入中频加热的金属熔炉中熔融和澄清；最后由底部出料，该工艺为连续加料和批次出料。煅烧-感应熔炉法的优点是实现连续生产，处理能力大；不足之处是工艺复杂，熔炉寿命比较短，生产 1000～6000h 要更换熔炉。

(3) 三代的焦耳加热陶瓷熔炉法：也称液体进料陶瓷熔炉法，采用电极加热，炉中不同位置装若干对电极，材料可以为因科镍 690，也可以为钼。炉体内部为耐火陶瓷材料，外层为不锈钢壳体，耐火陶瓷炉包封在一个气密的钢壳里。熔池的温度可达 1150～1200℃，连续加料，将高放废液与玻璃形成剂分别加入熔炉中，在熔炉中同时完成蒸发、干燥、煅烧、熔融和澄清。熔制好的玻璃出料有两种方法：底部冷冻阀批式出料和溢流连续出料。焦耳加热陶瓷熔炉法的优点是处理量大，工艺相对简单，熔炉寿命长；不足之处是熔炉体积较大，给退役带来较多麻烦。

(4) 四代的冷坩埚法：采用高频(10^5～10^6Hz)感应加热，炉体外壁为水冷套管和感应圈，不用耐火材料，不需要电极加热。冷水管中连续流过冷却水，在进入水冷套管温度低(<200℃)的区域形成一层 3～4cm 厚的固态玻璃冷壁，因此称为冷坩埚。冷坩埚法的优点是腐蚀性小，适用性强，退役容易，退役废物量小；不足之处为热效率低，耗能比较高，缺乏液体进料经验。

一代的罐式法已经淘汰，目前得到工业应用的是二代和三代，即主要为煅烧-感应熔炉法和焦耳加热陶瓷熔炉法两大类。而四代的冷坩埚法是一种先进的熔融技术，具有熔制温度高、处理废物的范围广、使用寿命长、退役容易等优点，总体成本也比较经济，是一项很有发展前景的高放废液固化处理技术。法国、俄罗斯、美国等均对冷坩埚技术进行了多年研究，其中法国和俄罗斯率先实现了该技术在处理放射性废液方面的工程应用。国外高放废液玻璃固化设施概况如表 1.2 所示。四代玻璃固化装置性能比较见表 1.3。

表 1.2　国外高放废液玻璃固化设施概况[13]

国家	场址	设施名称	类型	运行时间	备注
法国	马尔库尔	AVM	煅烧-感应熔炉法	1978～1999 年	退役阶段
	阿格 UP2	AVH-R7	煅烧-感应熔炉法	1989 年至今	2010 年 AVH-R7 的其中一条生产线改建成冷坩埚生产线
	阿格 UP3	AVH-T7	煅烧-感应熔炉法	1992 年至今	—
英国	塞拉菲尔德	WVP	煅烧-感应熔炉法	1991 年至今	—
德国	卡尔斯鲁厄	VEK	焦耳加热陶瓷熔炉法	2009～2010 年	完成处理任务
比利时	莫尔	PAMELA	焦耳加热陶瓷熔炉法	1985～1991 年	完成处理任务
日本	东海村	TVF	焦耳加热陶瓷熔炉法	1994 年	验证设施
	六所村	JVF	焦耳加热陶瓷熔炉法	—	—
俄罗斯	马雅克	EP-500	焦耳加热陶瓷熔炉法	1987 年	—
美国	萨凡纳河	DWPF	焦耳加热陶瓷熔炉法	1996 年至今	—
	汉福德	HWVP	焦耳加热陶瓷熔炉法	—	—
	西谷	WVDP	焦耳加热陶瓷熔炉法	1996～2002 年	完成处理任务
印度	塔拉普尔	WIPAVS	感应加热罐式熔炉法（属于罐式法）、焦耳加热陶瓷熔炉法	1984～2006 年	2010 年 5 月焦耳加热陶瓷熔炉开始正式运行
	卡尔帕卡姆	—	煅烧-感应熔炉法	—	—

表 1.3　四代玻璃固化装置性能比较

项目	罐式法	煅烧-感应熔炉法	焦耳加热陶瓷熔炉法	冷坩埚法
进料	一步法	两步法	一步法	一步法（也可两步法）
加热方式	中频分段感应加热	煅烧＋中频感应加热	电极加热	高频感应加热
处理能力	小	可大可小	可大可小	较小
熔融温度	约 1100℃	1100～1200℃	1100～1200℃	可达 1600℃甚至更高
熔炉寿命	短	煅烧炉可达 2a，熔融罐 5000h	约 5a	20a 或更长
适应性	小	较小	较小	较大
热效率	高	较高	高	低
退役废物	少	较多	较多	较少

　　法国作为世界上第一个将玻璃固化技术进行工程化应用的国家，于 1978 年成功研发了煅烧-感应熔炉技术,之后该技术在法国阿格 UP2 和阿格 UP3 后处理设施中得到了长期

的工程应用。20 世纪 80 年代，法国建成了第一个 ϕ550mm 的冷坩埚，在其十几年的实验时间里，共计运行了 5000h，产生了约 50t 的模拟高放废液玻璃产品[14]。20 世纪 90 年代，在马尔库尔建成 EREBUS 平台（ϕ650mm），模拟固化美国汉福德的高放废液，该平台可采用液体直接进料或粉末进料。模拟结果显示冷坩埚技术适应性强，可处理多种类型的高放废物。21 世纪，法国将 AVH-R7 的一条煅烧-感应熔炉生产线改造成冷坩埚生产线，并开始处理 UP2-400 产生的退役废液，截至 2010 年共生产了 200 罐 UP2-400 退役废液玻璃产品；2013 年对富含 U-Mo 核素的高放废物进行实验性处理，共产生了约 10 罐的高放废物产品，同时采用冷坩埚技术处理轻水堆高放废液的申请已得到法国安全部门的批准。法国的煅烧-感应熔炉技术及冷坩埚技术均有运行设施，并处理了一定量的高放废液。目前其运行经验已超过 30 年，为增加玻璃固化体品质和减小产生废物的体积，法国仍在进行玻璃固化技术的不断优化，正在大力发展冷坩埚技术[15]。

俄罗斯自 20 世纪 50 年代中期开始对高放废液玻璃固化进行研究。20 世纪 60 年代，因磷酸盐玻璃比硼硅酸盐玻璃的熔制温度低，所以选用磷酸盐玻璃固化流程。初期在马雅克建成 EP-500 焦耳加热陶瓷熔炉，并投入运行。20 世纪 80 年代中期启动冷坩埚技术研究。主要的研究内容如下：①20 世纪 80 年代中期，设计并建造了多尺寸和几何形状的冷坩埚以及相应的试验设施；②1990 年，开始建造冷坩埚固化设施，并在建成后进行了中低放废物的冷坩埚玻璃固化设施非放试验；③1999 年，冷坩埚玻璃固化设施开始运行，用于固化中低放废物；④2003 年，提出井式炉-冷坩埚技术联合系统，用于处理放射性固体废物和混合废物。俄罗斯的冷坩埚技术所进行的研发主要集中于冷坩埚的形状、尺寸、处理对象、性能优化等方面。

2007 年，SIA Radon 积极推动冷坩埚技术的研发[16]，主要处理马雅克及历史存留的高放废物。该技术选用两步法工艺，具体为：模拟高放废液在一个旋转式薄膜蒸发器内浓缩到含盐量约为 700kg/m³，与玻璃基材（硼砂）混合，混合后的浆状物在 ϕ418mm 的 SIA Radon 原型设施内玻璃固化。试验中，废物的包容量为 30%～35%（具体数值主要由废物中的硫酸盐、氯化物含量决定）。玻璃中混有 30% 的模拟高放废物，熔融温度较低，约为 1150℃，该温度下黏度较低，导致废物进料速率、玻璃生产速率、玻璃单位生产率较高。

美国早在 20 世纪 80 年代就开始使用玻璃固化萨凡纳河和西谷的高放废物，2004 年 4 月英国核燃料公司赢得了与美国汉福德 10%［约 500 万 gal（1gal = 3.785L）］高放废物处置项目的合作。玻璃处理技术最明显的优点在于玻璃固化体积小、浸出率低、抗辐照性好等。例如，Ojovan 等[17]对水泥、玻璃和沥青进行的长达 12 年的浸出测试表明，玻璃是三种材料（水泥、沥青、玻璃）中抗浸出性最好的材料，见表 1.4。

表 1.4 三种固化体材料抗浸出性评价[18]

| 基体 | 样品 | 浸出率/［g/(cm²·d)］ | | | | | | 浸出放射性百分数/% | |
		1	2	6	10	11	12	第一年	共计
水泥	PZ-8	1.8×10^{-4}	1.2×10^{-4}	1.1×10^{-4}	—	—	—	0.43	2.02
	K-28	4.8×10^{-6}	3.1×10^{-5}	1.9×10^{-6}	1.8×10^{-6}	1.8×10^{-6}	1.7×10^{-6}	0.01	0.04

续表

基体	样品	浸出率/[g/(cm²·d)]						浸出放射性百分数/%	
		1	2	6	10	11	12	第一年	共计
沥青	PR-27	7.3×10^{-5}	6.3×10^{-5}	5.7×10^{-5}	4.4×10^{-5}	4.6×10^{-5}	4.4×10^{-5}	0.11	0.65
	K-27	7.1×10^{-7}	4.6×10^{-7}	2.2×10^{-7}	1.5×10^{-7}	1.3×10^{-7}	1.2×10^{-7}	0.001	0.002
玻璃	BS-10	3.0×10^{-6}	1.9×10^{-6}	1.3×10^{-6}	1.1×10^{-6}	1.1×10^{-6}	1.1×10^{-6}	0.002	0.007
	K-26	1.3×10^{-6}	1.2×10^{-6}	8.5×10^{-7}	6.6×10^{-7}	6.6×10^{-7}	6.4×10^{-7}	0.0004	0.001

在过去几十年中，美国汉福德、萨凡纳河、爱达荷、西谷及橡树岭等的核设施共产生了 $3.75 \times 10^5 m^3$ 以上的高放废物，具体情况列于表 1.5。其中西谷已经完成了所有高放废液的玻璃固化，萨凡纳河的玻璃固化设施正在运行，汉福德、爱达荷及橡树岭等设施还未开始高放废物的玻璃固化，截至 2013 年 3 月仍有 94.34%（总放射性）以上的高放废物暂存于高放大罐中，急需玻璃固化处理[19]。

表 1.5　美国高放废物储量及特点[19]

场址	储槽废物/m³	废物形式	预计高放废物产物/m³	总放射性/TBq
汉福德	232000	上清液/泥浆/盐饼	10000～2000	1.11×10^7
萨凡纳河	126000	上清液/泥浆	4860	3.65×10^7
爱达荷	7500	酸性液体	100	—
	5000	煅烧物	1000	—
西谷	2300	上清液/泥浆	240	8.9×10^5
橡树岭	2500	上清液/泥浆	1000	—

美国的焦耳加热陶瓷熔炉技术已有近 20 年的工业化运行经验，已处理的高放废液的放射性仅占其所有高放废液放射性的 5%左右，其特点为大熔炉、浆体进料、溢流出料等，其处理量大，但也存在焦耳炉的部分部件难以更换、新熔炉更换时间长、大熔炉不易退役等问题。

而对于冷坩埚技术，美国与俄罗斯、法国、韩国等进行合作，利用这些国家的冷坩埚设施对美国的放射性废液/泥浆等进行验证试验。最终确定将其作为新一代放射性废物玻璃固化设施备选技术之一。美国在与俄罗斯相关机构合作后，在爱达荷国家实验室内建设了一台内径为 267mm 的冷坩埚试验样机，此样机可液体进料，也可固体进料。在此样机的基础上，拟设计改造并自主研发新一代冷坩埚系统。之后，在太平洋西北国家实验室及爱达荷国家实验室建立了内径分别为 56mm、236mm、418mm 和 650mm 的冷坩埚试验台架。

除法国、俄罗斯和美国外，德国自 20 世纪 70 年代中期开始焦耳加热陶瓷熔炉技术的研发。1978 年在比利时莫尔，德国出资并提供技术启动了 PAMELA 示范设施的建设，以验证用硼硅酸盐玻璃固化高放废液的可行性。PAMELA 于 1991 年运行并处理完储存在莫尔的全部高放废液后退役。PAMELA 处理能力为 30L/h，玻璃固化体生产能力为

30kg/h。1977 年，日本决定选用焦耳加热陶瓷熔炉技术来处理高放废液。在东海村建立了第一座玻璃固化设施 TVF，这是一座中间规模验证设施，玻璃固化体生产能力为 9kg/h。1993 年，为配合六所村后处理厂，日本在六所村启动玻璃固化设施 JVF 建设。该设施拥有 2 条生产线，每条生产线的废液处理能力为 70L/h。印度在巴巴原子研究中心完成了直径 200mm、配有底部出料的冷坩埚设计与测试，并自主设计研发了工程规模冷坩埚台架，冷坩埚内径为 500mm、玻璃熔融量为 65L。印度的冷坩埚出料方式与法国和俄罗斯等的有所不同，为水冷提塞式出料，熔池内的玻璃液位到达指定高度后，将水冷提塞提起，即可实现出料。

综合上述多个国家对于玻璃固化研究的现状，玻璃固化技术发展较快，能够达到工业化应用的要求。冷坩埚技术是目前研究的热点，其中法国、俄罗斯、美国等国家都开展了大量研究。法国以现有两步法玻璃固化为基础，进行冷坩埚技术研究，并将现有一条生产线改建为冷坩埚玻璃固化生产线，实现了工业化试验。俄罗斯的冷坩埚技术也已进入试验验证阶段。

1.2.2　陶瓷作为高放废物固化基材研究现状

陶瓷属于高温相材料，其对核素固化的原理是将高放废物和陶瓷原料一起在高温条件下进行烧结，在高温环境中，一些核素与陶瓷晶格上的原子发生类质同象置换，从而使核素固定在晶格位置上实现对其固化处理[11]。

人造岩石(简称 Syntheticrock)是由澳大利亚 Ringwood 等首次提出的一种固化体材料，其实质也是一种陶瓷。高放废液人造岩石固化体是从地球化学的观点出发，根据"类质同象""矿相取代""低温共熔"原理研制开发的一种陶瓷固化体，其主要的矿物包括碱硬锰矿($BaAl_2Ti_8O_{16}$)、钙钛锆石($CaZrTi_2O_7$)及钙钛矿($CaTiO_3$)三种钛酸盐类和金红石等物理、化学性质稳定的矿物相[14, 19]。到目前为止，陶瓷固化体针对高放废物的固化在实验室表现出了杰出的性能，具有巨大的发展潜力。陶瓷固化体具有以下优点[17, 19]。

(1)化学稳定性好，在 90℃去离子水中，浸出率较硼硅酸盐玻璃低 2～3 个数量级。

(2)热稳定性好，热导率高。

(3)抗辐照性强。实验证明人造岩石经 $10^{19}erg/g$($10^2erg/g = 10^{-2}J/kg$) α 辐照后，没有显著损伤。

(4)工艺上，可有效抑制挥发核素的挥发，尾气处理系统比较简单，退役没有电熔炉解体困难，设备运行寿命长。

(5)不需要冷却储存，可直接深地处置，同时处置库的选址也可有较大灵活性。

由于陶瓷固化体具有许多优于玻璃固化体的特性，自 1978 年陶瓷固化体问世以来，广泛受到国内外相关研究学者的重视，是非常有前景的第二代高放废物固化体材料。目前，国内外科学家在陶瓷固化体的配方设计、工艺制备和性能评价等方面进行了大量及深入的研究[20]。其中，人造岩石的配方一直是各国科研人员研究的热点，各国针对不同处理对象研究出了几种典型的人造岩石配方(表 1.6)[14]。

表 1.6　几种典型人造岩石配方比较[14]

配方名称	固化对象	矿相组合	包容量/%	优缺点	其他
SYNROC-A，B	典型高放废液	钙钛锆石、碱硬锰矿、钙钛矿等钛酸盐矿相和钡长石、白石榴石等硅酸盐矿相	约 10	Cs 浸出率较高，固化体稳定性较差	SYNROC-B 是 SYNROC-A 去掉硅酸盐矿相的变体，是人造岩石基本配方
SYNROC-C	商业动力堆后处理高放废液	钙钛锆石、碱硬锰矿、钙钛矿等钛酸盐矿相及金红石	5～22	配方灵活性强，物理性能和化学稳定性好	研究较广泛、成熟的配方
SYNROC-D	美国军用高放废液	除钙钛锆石和钙钛矿外，还加入霞石和尖晶石等铝酸盐矿相	60～70	包容量高，并能较好地包容工艺产物	现属特种陶瓷体系
SYNROC-E	动力堆高放废液	矿相组成与 SYNROC-C 相同，但各矿相含量不同	约 10	包容量较低，但具有较小释热率和相对高的化学稳定性	金红石为主体矿相
SYNROC-F	"一次通过式"乏燃料	钙铀烧绿石为主体矿相，还包括碱硬锰矿和金红石	约 50	包容量高，可包容含铀量高的废液	实际矿相还包括钙钛矿和晶质铀矿

参 考 文 献

[1] 王驹, 谢武成. 国际放射性废物管理若干发展趋势[J]. 世界核地质科学, 2003, 20(2): 104-105.

[2] 何赣溪. 放射性废物概述[J]. 物理与工程, 1998(6): 7-10.

[3] 甘学英, 张振涛, 苑文仪, 等. 模拟高放玻璃固化体在低氧地下水中的长期蚀变行为研究[J]. 辐射防护, 2011(2): 76-82.

[4] Osmanlioglu A E. Immobilization of radioactive waste by cementation with purified kaolin clay[J]. Waste Management, 2002, 22(5): 481-483.

[5] 程理, 杜大海, 龚立. 模拟低中放废物水泥固化体在地下水中浸出性能的研究[J]. 辐射防护, 2000, 20(5): 299-303.

[6] 顾忠茂. 核废物处理技术[M]. 北京: 中国原子能出版社, 2009.

[7] 蒋云. 城市放射性废物安全管理的探讨[J]. 中国辐照卫生, 2007, 16(1): 80-82.

[8] Ringwood A E, Kesson S E, Ware N G, et al. Immobilisation of high level nuclear reactor wastes in SYNROC[J]. Nature, 1979, 278: 219-223.

[9] 罗上庚. 高放废物处置安全研究[J]. 科技导报, 1992, 10(9212): 22-25.

[10] 车春霞, 滕元成, 桂强. 放射性废物固化处理的研究及应用现状[J]. 材料导报, 2006, 20(2): 94-97.

[11] 盛嘉伟, 罗上庚. 高放废液的玻璃固化及固化体的浸出行为与发展情况[J]. 硅酸盐学报, 1997(1): 83-88.

[12] 赵昱龙. 人造岩石固化模拟 ^{90}Sr, ^{137}Cs 核素废物研究[D]. 北京: 中国原子能科学研究院, 2005.

[13] 陈亚君, 陆燕. 国外高放废液玻璃固化技术概览[J]. 国外核新闻, 2018(2): 27-31.

[14] Boen R. Cold crucible vitrification[J]. Nuclear Waste Conditioning, 2009, 32(2): 67-70.

[15] Min B Y, Kang P S. Study on the vitrification of mixed radioactive waste by plasma arc melting[J]. Journal of Industrial and Engineering Chemistry, 2007, 13(1): 57-64.

[16] Stefanovsky S V, Ptashkin A G, Knyazev O A, et al. Inductive cold crucible melting of actinide-bearing murataite-based ceramics[J]. Journal of Alloys and Compounds, 2007, 444(10): 438-442.

[17] Ojovan M I, Ojovan N V, Startceva I V, et al. Some trends in radioactive waste form behavior revealed in long-term field tests[J]. Office of Scientific and Technical Information Technical Reports, 2002, 11(2): 38-45.

[18] 陈松, 李玉香. 高放废料固化基材的研究现状[J]. 材料导报, 2005, 19(11): 53-56.

[19] Jantzen C M, Koopman D C, Herman C C, et al. Electron equivalents redox model for high level waste vitrification[M]// Environmental Issues and Waste Management Technologies in the Ceramic and Nuclear Industries IX, Volume 155. Hoboken: John Wiley & Sons, Inc, 2012.

[20] 吴浪. 高放废液固化处理技术研究新进展[J]. 科技创新导报, 2016, 13(5): 66-67.

第 2 章　钆锆烧绿石的结构与性质及其作为高放废物固化基材的特点

自钆锆烧绿石良好的抗辐照性被发现以来，国内外研究学者对钆锆烧绿石作为高放废物固化基材开展了较为广泛的研究。本章对钆锆烧绿石的结构、性质进行介绍，并对钆锆烧绿石作为高放废物固化基材的发现与特点进行简介。

2.1　钆锆烧绿石的结构

烧绿石的晶体结构属于等轴晶系，空间群为 $Fd\text{-}3m$，具有 $^{\text{VIII}}A_2{}^{\text{VI}}B_2{}^{\text{IV}}X_6{}^{\text{IV}}Y$ 的晶体结构方程（罗马数字代表配位数，A 和 B 分别代表金属阳离子，X 代表 O^{2-}，Y 代表 O^{2-}、OH^-、F^-）。天然产出的烧绿石如图 2.1 所示。烧绿石结构可以用不同的方式进行表示，最为普遍的描述为多面体配位拓扑结构，如图 2.2 和图 2.3（a）所示。烧绿石结构可视为萤石结构 [AO_2，如 ZrO_2，见图 2.3（b）] 的超晶格（$2\times2\times2$），在超晶格结构中 A 和 B 位阳离子有序排列在不同的晶格位上，A 位阳离子与 8 个氧原子配位，B 位阳离子与 6 个氧原子配位。为了维系电荷平衡，烧绿石结构具有 1/8 氧原子的空位，如图 2.3（c）和（d）所示。

图 2.1　天然产出的烧绿石照片

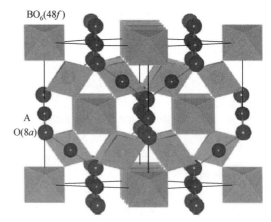

图 2.2　沿 (110) 轴方向理想的 $A_2B_2O_7$ 型烧绿石结构图

在理想的烧绿石晶体中，A 和 B 位阳离子分别占据 $16c\,(0,\ 0,\ 0)$ 和 $16d\,(1/2,\ 1/2,\ 1/2)$ 位置，X 和 Y 位阴离子分别占据 $48f\,(x,\ 1/8,\ 1/8)$ 和 $8b\,(3/8,\ 3/8,\ 3/8)$ 位置，$8a$ 位置为氧原子空位（单胞的原点选在 B 位）。位置参数 x 主要取决于 A 位阳离子半径，且 x 对

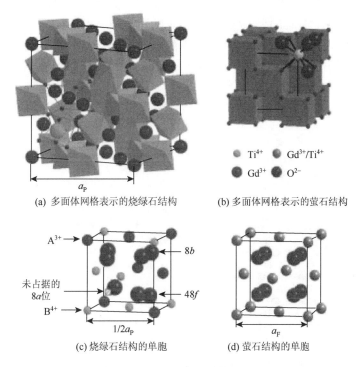

(a) 多面体网格表示的烧绿石结构　　　　(b) 多面体网格表示的萤石结构

- Ti^{4+}　　● Gd^{3+}/Ti^{4+}
- Gd^{3+}　　● O^{2-}

A^{3+} →　　　　　← 8b

未占据的
8a 位　→

B^{4+} →　　　　　← 48f

1/2a$_P$　　　　　　a$_F$

(c) 烧绿石结构的单胞　　　　　　(d) 萤石结构的单胞

图 2.3　烧绿石与萤石结构对比图

A$_2$B$_2$O$_7$ 结构稳定性具有重要影响，当 x 取不同值时，烧绿石结构中 A 和 B 位阳离子周围的配位多面体结构见图 2.4。相应具有萤石结构的 AO$_{1.75}$ 隶属于 Fd-$3m$ 空间群，7 个氧原子自由地分布在 8 个阴离子位置上[1]。

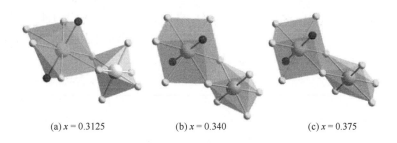

(a) x = 0.3125　　　　　(b) x = 0.340　　　　　(c) x = 0.375

图 2.4　烧绿石结构中 A 和 B 位阳离子周围的配位多面体

A$_2$B$_2$O$_7$ 结构是一种开放式的结构，通常情况下只要离子半径满足一定条件且符合电中性要求，就能在 A、B、O 位形成广泛的替代，但所形成的烧绿石结构是否稳定还要取决于 A 和 B 位阳离子的半径及两者的半径比，当 0.87Å<r_A<1.51Å，0.40Å<r_B<0.78Å（1Å = 10^{-10}m）且 1.29<r_A/r_B<2.30 时，就能够形成稳定的烧绿石结构。

与烧绿石结构密切相关的另一种矿物结构为莫拉矿（murataite, F-4-$3m$，z = 4，a = 1.489nm），即 (Y, Na)$_6$(Zn, Fe)$_5$Ti$_{12}$O$_{29}$(O, F)$_{10}$F$_4$。尽管莫拉矿的成分较为复杂，但也可将其结构视为源于萤石结构。正如烧绿石结构通过 A 和 B 位阳离子在萤石结构晶格里面的有序排列(2×2×2)而造成单胞边缘为二重的($a = 0.9 \sim 1.2\text{nm}$)一样，莫拉矿通过离子的有序排列(2×2×2)而造成单胞边缘为三重的，见图 2.5。基于矿物组成，5×5×5 及 8×8×8 的莫拉矿结构也是可能存在的，这种可能已经在对钛酸盐矿物固化体的研究中得到证实。

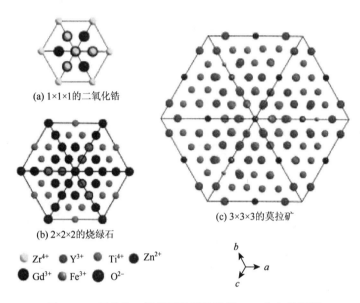

(a) 1×1×1的二氧化锆

(b) 2×2×2的烧绿石

(c) 3×3×3的莫拉矿

Zr^{4+}　　Y^{3+}　　Ti^{4+}　　Zn^{2+}

Gd^{3+}　　Fe^{3+}　　O^{2-}

图 2.5　二氧化锆、烧绿石及莫拉矿沿[111]方向投影图

在烧绿石结构中，A 和 B 位阳离子可以以很大的离子半径比 r_A/r_B 存在，介于 1.46～1.78。但这个参数是很粗糙的，以前的文献报道曾指出，r_A/r_B 降低到 1.42 时也可以存在烧绿石结构。根据 Shannon 的研究，$\text{Gd}_2\text{Zr}_2\text{O}_7$ 的离子半径比 r_A/r_B 为 1.46，其结构接近结构有序的烧绿石结构和具有缺陷的萤石结构边界，因此小剂量的掺杂或者制备温度的改变都会在很大程度上改变晶体的整体结构[1]。

另外，在非标准化学计量条件下，$\text{ZrO}_2\text{-GdO}_{1.5}$ 体系依然可以存在稳定的烧绿石结构，根据 Zinkevich 等学者的报道，在 1400℃条件下，摩尔分数为 44%～54%的 $\text{GdO}_{1.5}$ 与 ZrO_2 反应，所合成的产物依然存在烧绿石结构。此外，这种非标准化学计量烧绿石结构还可以以占据 A 和 B 位的 Gd^{3+} 和 Zr^{4+} 为其他原子所替代，或者通过点缺陷(空位或填隙)的引入而存在[1]。

2.2　钇锆烧绿石的性质

2.2.1　力学性能

Choi 等采用热压烧结工艺(1500℃、28MPa)制备了 3 种稀土锆酸盐 $\text{Ln}_2\text{Zr}_2\text{O}_7$(Ln 代表 La、Nd、Gd)陶瓷材料，测试结果表明这 3 种稀土锆酸盐陶瓷材料的力学性能很差，抗弯强度在 40~80MPa，断裂韧性在 0.8~1.1MPa·m$^{1/2}$。由于稀土锆酸盐陶瓷材料的力学性能较差，它在实际工程应用中受到了一定的限制。

根据陶瓷材料的韧化理论，从韧化陶瓷的显微组织形成方式上可将陶瓷增韧的方法分为两类：一类是自增韧陶瓷，主要是通过成分设计或烧结等工艺使陶瓷材料微观组织内部自生出增韧相，二氧化锆相变增韧陶瓷即此类；另一类是加入起增韧作用的第二相组元来增韧陶瓷，颗粒增韧、晶须增韧和纤维增韧即此类。对于热障氧化物陶瓷材料而言，由于涂层制备工艺的限制，晶须增韧和纤维增韧都很难在实际应用中实现，而采用抗氧化的氧化物颗粒来增韧稀土锆酸盐陶瓷材料成为最有可能实现的方法之一。Li 等采用超高压（4.5GPa）烧结技术分别制备了纳米 La$_2$Zr$_2$O$_7$ 陶瓷（1000℃、10min）、BaTiO$_3$ 增韧 La$_2$Zr$_2$O$_7$ 复相陶瓷（1450℃、10min）和 Y$_3$Al$_5$O$_{12}$ 增韧 La$_2$Zr$_2$O$_7$ 复相陶瓷（1650℃、5min）材料，发现纳米 La$_2$Zr$_2$O$_7$ 陶瓷的断裂韧性提高了约 41%；BaTiO$_3$ 和 Y$_3$Al$_5$O$_{12}$ 增韧的 La$_2$Zr$_2$O$_7$ 复相陶瓷材料的断裂韧性提高了约 23%，增韧后 La$_2$Zr$_2$O$_7$ 复相陶瓷材料的断裂韧性达到 1.9~2.0MPa·m$^{1/2}$，但并未对增韧后 La$_2$Zr$_2$O$_7$ 复相陶瓷材料的相稳定性和热物理性能进行深入研究。因此，稀土锆酸盐陶瓷材料的韧化便成为近年来研究者非常关注的课题之一。

2.2.2　热物理性能

在稀土锆酸盐的晶体结构中，每个 A$_2$Zr$_2$O$_7$ 单元中均存在一个氧空位，氧空位浓度高，使声子散射作用增强，所以稀土锆酸盐材料应该具有低热导率。除此之外，稀土锆酸盐材料还具有熔点高、高温下相稳定性好和热膨胀系数大等优点，使其成为一类重要的高温结构或功能部件的候选材料，因此各国科学家对其热物理性能进行了广泛研究。Suresh 等采用激光闪烁法测试了 4 种稀土锆酸盐（La$_2$Zr$_2$O$_7$、Sm$_2$Zr$_2$O$_7$、Eu$_2$Zr$_2$O$_7$ 和 Gd$_2$Zr$_2$O$_7$）在 673~1373K 的热导率。结果发现，在 1373K 时这 4 种稀土锆酸盐材料的热导率在 1.0~1.6W/(m·K)，是一类原子核反应堆中子吸收材料与控制棒材料的候选材料。

Schelling 等采用分子动力学模拟方法预测了 40 种 Ln$_2$B$_2$O$_7$（Ln 代表 La、Pr、Nd、Sm、Eu、Gd、Y、Er、Lu；B 代表 Ti、Mo、Sn、Zr、Pb）材料的热物理性能。在 1473K 时，这些材料的热导率在 1.40~3.05W/(m·K)，热膨胀系数在 6.40×10^{-6}~8.80×10^{-6}K^{-1}，并从材料的密度和材料中声速角度对预测结果进行了解释。Xu 等报道了单一稀土锆酸盐材料 Ln$_2$Zr$_2$O$_7$（Ln 代表 Nd、Sm、Gd、Dy、Er、Yb）的热物理性能。结果表明，这些稀土锆酸盐材料的热导率在 0.9~2.0W/(m·K)，热膨胀系数在 9.0×10^{-6}~12.0×10^{-6}K^{-1}。然而，不同文献报道的单一稀土锆酸盐材料的热导率存在很大差别，这是由于不同的研究者在材料的制备工艺、材料的致密度以及测试条件等方面都存在差异，而这些因素对材料热导率的影响很大，从而导致了不同研究者的测试结果不同。因此，很难对测试结果进行相互比较。但综合来看，这些材料的热导率均比相同条件下 7YSZ（7%Y$_2$O$_3$-ZrO$_2$，%指质量分数）陶瓷的热导率低，热膨胀系数与 7YSZ 陶瓷相当或略高于 7YSZ 陶瓷。

Kutty 等和 Shimamura 等采用高温 X 射线方法测试了稀土锆酸盐材料 Ln$_2$Zr$_2$O$_7$（Ln 代表 La、Nd、Sm、Eu、Gd、Dy、Yb）从室温到 1773K 的热膨胀系数，发现烧绿石结构 Ln$_2$Zr$_2$O$_7$（Ln 代表 La、Nd、Sm、Eu、Gd）的热膨胀系数随着稀土元素离子半径的增大逐渐减小；

而对于缺陷型萤石结构，$Dy_2Zr_2O_7$ 的热膨胀系数比 $Yb_2Zr_2O_7$ 的热膨胀系数大。Fan 等采用经典分子动力学计算的方法预测了一系列稀土锆酸盐材料 $Ln_2Zr_2O_7$(Ln 代表 La、Nd、Sm、Eu、Gd、Er、Yb、Lu) 的热膨胀系数，发现 Zr—O 键对热膨胀系数影响较大，其次是 Ln—O 键，而 O—O 键对热膨胀系数影响最小。

2.2.3 电学性能

稀土锆酸盐 $A_2Zr_2O_7$ 是本征阴离子导体，在晶体结构中无须掺杂即存在氧空位。由于离子传导是氧化物电解质材料的主要导电机制，通过 A 或 Zr 位的掺杂，可以合成不同导电性的物质，在固体氧化物燃料电池中具有重要的应用价值，近年来 A 或 Zr 位的掺杂改性研究受到广泛关注。$Gd_2Zr_2O_7$ 中的阳离子半径比 $r_{Gd^{3+}}/r_{Zr^{4+}}$ 为 1.46，处于烧绿石结构和缺陷型萤石结构边界，研究发现适量的较大离子半径元素的掺杂可提高其离子电导率。Yamamura 等对单一系列稀土锆酸盐 $Ln_2Zr_2O_7$(Ln 代表 La、Nd、Sm、Eu、Gd、Y、Yb) 固溶体的结构和电性能进行较为系统的研究。结果发现，在缺陷型萤石结构范围内，电导率随着离子半径比的增加而增大；而在烧绿石结构范围内，邻近缺陷型萤石结构与烧绿石结构的边界附近出现电导率最大值。离子电导激活能在萤石结构范围内随离子半径比增加而降低，在烧绿石结构内达到最小值(此时对应着最大的电导率)，然后随着离子半径比的继续增加而增大。

Moreno 等研究了可移动氧离子的交互作用对氧离子动力学的影响规律。对于 $Gd_2Ti_{2-y}Zr_yO_7$ 体系，研究发现，锆含量的增加导致氧空位数量增加以及氧离子长程迁移的活化能增加，而单个氧离子跃迁的活化能基本保持不变。氧空位数量的增加会导致离子与离子之间的交互作用增强，从而使长程迁移活化能增大，因此除了氧空位数量以及单个氧离子跃迁的活化能，氧离子之间的交互作用也是决定离子电导率的一个关键因素。

关于掺杂稀土锆酸盐材料的电导率研究，过去主要集中在对晶体结构中 B 位掺杂改性，最近的研究发现对晶体结构中的 A 位采用同价稀土元素掺杂能改善稀土锆酸盐材料的电导率。Mandal 采用固相反应法制备 $Gd_{2-x}Nd_xZr_2O_7(0 \leqslant x \leqslant 2)$ 材料，并研究其物相结构和电导率。随着 Nd 质量分数的增加，从 $Gd_2Zr_2O_7$ 结构到 $Nd_2Zr_2O_7$ 结构的有序化程度逐渐增加。在 696K 时，与纯 $Gd_2Zr_2O_7$ 和 $Nd_2Zr_2O_7$ 相比，$GdNdZr_2O_7$ 的电导率大约提高一个数量级。

Shlyakhtina 等对烧绿石型 $Ln_2M_2O_7$(Ln 代表 Sm、Lu 等；M 代表 Ti、Zr、Hf) 的多晶型以及高温电导率进行详细研究，发现氧离子电导率主要受 2 个晶体化学因素[即 Ln^{3+} 与 M^{4+} 离子半径(几何因子)和 M—O 键(能量因子)之间的关系]的影响。几何因子控制阳离子缺陷与氧空位的形成，氧空位的浓度主要由组元离子半径比决定。另外这些材料中的离子传输参数主要由可移动氧离子与传输通道之间的关系决定。

2.3 钆锆烧绿石作为高放废物备选固化基材的发现与特点

早在 1953 年，美国 Hatch 从能长期赋存铀的矿物(沥青铀矿、独居石、锆石等)中得到启示，首次利用矿物岩石(材料学家称为陶瓷)固化高放废物，并使核素能像天然核素一样安全而长期稳定地回归大自然[2]。但直到 1979 年，澳大利亚国立大学的 Ringwood 等[3]在 *Nature* 上发表了 "Immobilisation of high level nuclear reactor wastes in SYNROC" 后才引起科学家的足够重视。在随后的 40 年里，人们对赋存天然放射性元素的铀矿或钍矿等进行类比，研制出近百种单相及多相矿物，并对它们在水-热-力耦合条件下的化学耐久性等开展了深入的研究[4-8]。

针对不同放射性废物的来源与组成，近 40 年来有三类氧化物组合矿物被认为是长寿命核素的候选固化体：①硅基矿相，矿相中主要有铯榴石($CsAlSi_2O_6$)、萤石($(U, Zr, Ce)O_2$)、磷灰石($Ca_5(PO_4)_3OH$)、白钨矿($CaMoO_4$)、独居石($REPO_4$，RE 代表稀土元素)。这种矿相适合含有卤素离子废液(而硼硅酸玻璃固化体不能固溶卤素离子)的处理。②高铝矿相，即氧化铝(Al_2O_3)、磁铅石($Ba(Al, Fe)_{12}O_{19}$)、尖晶石($MgAl_2O_4$)、铀钍矿($(U, Th)O_2$)以及霞石($NaAlSiO_4$)等矿相的组合，这些组合矿相存在于某些地方的天然岩石中，特别适合用于核燃料芯前端处理(去包壳流程)所产生的中低放废液的固化处理。③钛基矿相，主要有两种形式，即 SYNROC C 和 SYNROC D。SYNROC C 主要含钙钛锆石、碱硬锰矿和钙钛矿，它仅适合于一些组成相对简单的废液处理；SYNROC D 主要由尖晶石和磁铅石矿相组成，它用于不含 Sr、Cs 的某些军工废物的固化处理。

在初步对多种高放废物固化体的安全稳定性进行评价的基础上，美国确定将钆钛烧绿石($Gd_2Ti_2O_7$)作为锕系核素固化体，并于 20 世纪 90 年代在萨凡纳河后处理厂利用其进行高放废物的处理。但在随后的使用中发现，在处置库复杂环境下，固化体受到水-力-热-辐照耦合作用，特别在废物中核素的衰变自辐照条件下，固化体发生了无定形化，导致被固化的核素浸出率大大提高，这不能满足高放废物固化体的性能要求，于是停止了钆钛烧绿石的使用。为此，需要寻求性能更为优异的固化体。

20 世纪 90 年代后，以美国太平洋西北国家实验室的 Weber 和密歇根大学的 Ewing 为代表的科学家认真评价了过去高放废物固化体存在的问题，在对烧绿石 $Gd_2(Zr_xTi_{1-x})_2O_7$ 体系的研究中发现，随着 Zr 质量分数的增加，甚至到最终的钆锆烧绿石($Gd_2Zr_2O_7$)都能完全抵抗很强的离子辐照(1MeV 的 Kr^+)而不发生蜕晶质化并保持其晶体结构[9, 10]。2000 年，Weber 和 Ewing[11]及美国、英国和日本的 Sickafus 联合研究小组[12]先后在 *Science* 上报道了他们的研究结果，几乎同时发现钆锆烧绿石具有非常好的抗辐照损伤性，并根据类比矿物的地质稳定性研究结果坚信钆锆烧绿石是高放废物的理想固化体之一[13, 14]。

国内外研究学者对钆锆烧绿石固化体进行了较为广泛的研究。近 20 年来，美国、俄罗斯、德国、日本、印度等国家对元素周期表中从钍(Th)到锎(Cf)的单一锕系核素逐一进行了钆锆烧绿石固溶锕系核素的实验研究[15-18]，详细考察了单一锕系核素固化体在自辐照条件下结构损伤与辐照剂量间的关系。Wang 等对 $Gd_2Zr_2O_7$ 的辐照稳定性进行了深入研究，当位移损伤为 15dpa(相当于包容量为 10%的 ^{239}Pu 大约 3000 万年的辐照剂量)时，没有发现蜕晶质化现象[19]。在进一步的研究中发现，在重离子辐照下，晶体结构由烧绿石结构向萤石结构转变，这就使得其能够通过相变抵抗强的重离子辐照损伤。Ewing 等在对天然烧绿石结构 $A_2B_2O_7$ 矿物的研究中发现，α 衰变达 10^{20} 次/g 时，天然烧绿石结构也能稳定存在且 α 自辐照损伤对其抗浸出性无显著影响[14]。另外，Smith 等利用 1.5MeV Kr^+ 离子束对铀烧绿石的辐照研究发现，其非晶化剂量相当于接受 α 衰变 4.1×10^{18} 次/m2[20]。

各种辐照研究结果表明，$Gd_2Zr_2O_7$ 烧绿石在固化单一核素（或模拟核素）时具有良好的抗辐照性。2010 年，巴西学者 Da Cunha 等[21]已关注到未来可能遇到的固化工程问题以及安全评价问题，采集了承载 Ta、Th 和 U 的天然烧绿石，采用模拟方法对工作环境中形成的烧绿石气溶胶在模拟废液中的溶解度因子开展了测量工作。

参 考 文 献

[1] Gregg D J, Zhang Y, Zhang Z, et al. Crystal chemistry and structures of uranium-doped gadolinium zirconates[J]. Journal of Nuclear Materials, 2013, 438(1/3): 144-153.

[2] Hatch L P. Ultimate disposal of radioactive wastes[J]. American Scientist, 1953, 41(3): 410-421.

[3] Ringwood A E, Kesson S E, Ware N G, et al. Immobilisation of high level nuclear reactor wastes in SYNROC[J]. Nature, 1979, 278(5701): 219-223.

[4] Clarke D R. Ceramic materials for the immobilization of nuclear waste[J]. Annual Review of Materials Science, 1983, 13(1): 191-218.

[5] Robert E J L. Radioactive waste management[J]. Annual Review of Nuclear and Particle Science, 1990, 40: 79-112.

[6] Donald I W, Metcalfe B L, Taylor R N J. The immobilization of high level radioactive wastes using ceramics and glasses[J]. Journal of Materials Science, 1997, 32(22): 5851-5887.

[7] Montel J M. Minerals and design of new waste forms for conditioning nuclear waste[J]. Comptes Rendus Geoscience, 2011, 343(2/3): 230-236.

[8] Ewing R C. The design and evaluation of nuclear-waste forms: clues from mineralogy[J]. The Canadian Mineralogist, 2001, 39(3): 697-715.

[9] Weber W J, Ewing R C, Catlow C R A, et al. Radiation effects in crystalline ceramics for the immobilization of high-level nuclear waste and plutonium[J]. Journal of Materials Research, 1998, 13(6): 1434-1484.

[10] Wang S X, Begg B D, Wang L M, et al. Radiation stability of gadolinium zirconate: A waste form for plutonium disposition[J]. Journal of Materials Research, 1999, 14(12): 4470-4473.

[11] Weber W J, Ewing R C. Plutonium immobilization and radiation effects[J]. Science, 2000, 289(5487): 2051-2052.

[12] Sickafus K E, Minervini L, Grimes R W, et al. Radiation tolerance of complex oxides[J]. Science, 2000, 289(5480): 748-751.

[13] Ewing R C. Plutonium and "minor" actinides: Safe sequestration[J]. Earth and Planetary Science Letters, 2005, 229(3/4): 165-181.

[14] Ewing R C, Weber W J, Lian J. Nuclear waste disposal—pyrochlore ($A_2B_2O_7$): Nuclear waste form for the immobilization of plutonium and "minor" actinides[J]. Journal of Applied Physics, 2004, 95(11): 5949-5971.

[15] Fan L, Shu X, Ding Y, et al. Fabrication and phase transition of $Gd_2Zr_2O_7$ ceramics immobilized various simulated radionuclides[J]. Journal of Nuclear Materials, 2015, 456: 467-470.

[16] 刘燕炜, 徐强, 潘伟. 固相反应 $Gd_2Zr_2O_7$ 陶瓷的形成机理研究[J]. 稀有金属材料与工程, 2005, 34: 584-586.

[17] Lee Y H, Sheu H S, Deng J P, et al. Preparation and fluorite-pyrochlore phase transformation in $Gd_2Zr_2O_7$[J]. Journal of Alloys and Compounds, 2009, 487(1/2): 595-598.

[18] Uehara T, Koto K, Kanamaru F, et al. Stability and antiphase domain structure of the pyrochlore solid solution in the ZrO_2-Gd_2O_3 system[J]. Solid State Ionics, 1987, 23(1/2): 137-143.

[19] Wang S X, Wang L M, Ewing R C, et al. Ion irradiation-induced phase transformation of pyrochlore and zirconolite[J]. Nuclear Instruments and Methods in Physics Research Section B: Beam Interactions with Materials and Atoms, 1999, 148(1/4): 704-709.

[20] Smith K L, Zaluzec N J, Lumpkin G R. In situ studies of ion irradiated zirconolite, pyrochlore and perovskite[J]. Journal of Nuclear Materials, 1997, 250(1): 36-52.

[21] Da Cunha K D, Santos M, Zouain F, et al. Dissolution factors of Ta, Th, and U oxides present in pyrochlore[J]. Water, Air, and Soil Pollution, 2010, 205(1/4): 251-257.

第3章 粒子辐照技术原理及其在材料领域的应用

3.1 辐照原理及其分类

辐射(radiation)是由场源发出的电磁能量中一部分脱离场源向远处传播,而后不再返回场源的现象。能量以电磁波或者粒子的形式向外扩散。辐射单位为伦琴/小时(R/h,$1R = 2.58 \times 10^{-4}$C/kg)。

辐射以电磁波和粒子(如 α 粒子、β 粒子等)的形式向外传播。无线电波和光波都是电磁波。一般根据辐射能量及电离物质的能力,辐射分为电离辐射或非电离辐射。电离辐射具有足够的能量,可以将原子或分子电离化。电离辐射主要有 α 射线、β 射线和 γ 射线。非电离辐射常见的有可见光、红外线和电磁波等。紫外线是一种常用于食品、医疗器械杀菌的辐射手段。

从辐射的角度讲,α 粒子和 β 粒子辐照称为直接电离辐射,这是因为 α 粒子和 β 粒子是沿着它们路径直接产生离子的。光子产生的辐射与直接电离辐射不同,光子产生于正、负电子相互作用之后,然后才会产生辐射,因此光子(X 射线或 γ 射线)称为间接电离辐射。

按照辐射来源,辐射可以分为核辐射、原子辐射、宇宙辐射等,又可分为天然辐射、人工辐射等。按照辐射荷电情况和粒子性质,辐射又可分为带电粒子辐射,如 α、p、D、T、$\pi^{\pm}$、$\mu^{\pm}$、$e^{\pm}$ 等;中性粒子辐射,如 n、υ、π° 等;电磁辐射,如 γ 射线、X 射线等。

α 射线是能量很高的氦核粒子流,它带有两个正电荷,质量约为氢核的 4 倍。由于带正电且质量大,容易和物质发生碰撞而停下来,所以 α 射线的穿透能力小,在物质中的射程很短,一张纸就可以挡住它;β 射线是高速运动的电子流,贯穿能力很强。这两种射线的影响距离比较近,只要辐照源不进入体内,影响不会太大。γ 射线是一种波长很短的电磁波,和 X 射线相似,贯穿能力很强,能穿透人体和建筑物,且危害距离远。

同步辐射是近年来非常受重视的一种产生 X 射线的新手段。当电子在同步回旋加速器(或其他环形加速器)中做圆周运动时产生的辐射统称为同步辐射。同步辐射的本质是电磁辐射且含有可见光。同步辐射光具有以下特点:①连续的宽光谱;②高准直性;③高强度;④高亮度;⑤高偏振度;⑥优良的脉冲时间结构;⑦高洁净性;⑧相干性;⑨精确性。

电磁波是很常见的辐照,对人体的影响主要由功率(与场强有关)和频率决定。通信用的无线电波是频率较低的电磁波,如果按照频率从低到高(波长从长到短)排列,电磁波可以分为长波、中波、短波、超短波、微波、远红外线、红外线、可见光、紫外线、X 射线、γ 射线、宇宙射线。以可见光为界,频率低于(波长长于)可见光的电磁波对人体主要产生热效应,频率高于可见光的射线对人体主要产生化学效应。

我们身处的环境中一切物质都具有放射性，并不只是我们固有观念里的核物质才有放射性。这是客观事实，也是正常现象。普通人每年从身边环境中吸收的辐射剂量是很小的，而这些微小剂量的辐射能被人体组织转化，因而对人体不会造成实质性的危害(但是对于经常接触高强度放射性材料的人可能会有一定程度的影响，具体影响的程度与吸收的剂量成正相关)。核辐射对其他物体所产生的影响统称为辐照。辐照本身是看不见的，我们通常所看见的"辐照"指的是辐照后的物质改性或者借助其他介质表现出来的一种宏观状态。但是辐照的实质是微观结构的改变引起宏观上的材料改性或者生物细胞结构的改变。从微观角度分析辐照就是原子核从一种结构或一种能量状态转变为另一种结构或另一种能量状态过程中所释放出来的微观粒子流，即利用放射性物质去照射改变另一种物质的微观结构。辐照可以使物质电离或激发，故多称辐照为电离辐照。电离辐照又分直接电离辐照和间接电离辐照。导致直接电离辐照的粒子包括质子等带电粒子。导致间接电离辐照的粒子包括光子、中子等不带电粒子[1]。中子辐照效应总体与适当能量的质子辐照效应是大致相同的[2]。中子辐照与其他的粒子辐照相比速度较慢，过程较为平缓。

辐照技术利用射线与物质间的作用，电离并激发产生活化原子和活化分子与物质发生一系列物理、化学、生物化学变化，导致物质的降解、聚合、交联，并发生改性。这样一来，就为采用常规处理方法难以解决的问题提供了新的方法[3, 4]。目前辐照技术在很多领域都有所涉及。例如，在医学上的透射检查、癌症治疗等，以及利用辐照技术生产某些依靠现有技术无法生产的药物[1]；在农学上的诱变育种、辐照食品、防虫治害、提高农产品产量等诸多应用[5]；还包括在很多领域都涉及的消毒杀菌，其中最简单直接的杀菌方法就是紫外线照射。辐照技术在材料领域中的应用最广泛，通过对材料进行辐照，进一步改变材料的某些性质，从而达到我们的要求[6]。辐照技术在材料领域的应用仍然在不断地探索中。

3.2　粒子辐照装置简介

粒子辐照装置按照射线分类主要有光子、电子、离子三种。根据源的几何形状不同又可以分为点源、线源、面源和板源等。针对电子，有高压倍加器、高频高压加速器和直线加速器等装置。针对中子，有同位素中子源、加速器中子源和反应堆中子源等。

粒子辐照装置按照用途大致可以分为两大类：实验研究装置和生产加工装置。粒子辐照装置按照结构分类比较复杂，有圆形、方形、单通道等。粒子加速器属于粒子辐照装置，主要用于加速带电粒子，如重离子、电子等。粒子加速器应用广泛且被熟知的主要有两种：回旋加速器和直线加速器。

3.2.1　回旋加速器

世界上第一台回旋加速器是美国物理学家劳伦斯在 1931 年研制出来的。但受当时技术条件限制，粒子加速能量很小。经过数十年快速发展，粒子加速能量从兆电子伏特量级达到太电子伏特量级,增加了 10^6 eV 量级。截至目前,回旋加速器的发展经历了普通回旋加速器、同步回旋加速器、等时回旋加速器的过程;而可加速的粒子种类也由最初的质子等少数的几种粒子增加到了数十种粒子。

回旋加速器采用沿着环形轨道多次推进粒子的方式,如图 3.1 所示。带电粒子在两个 D 形磁盒间经过电压为 U 的电场时,电场力做正功,从而使带电粒子获得能量,速度增加,当带电粒子再次反向进入两个 D 形磁盒间的电场时,电场正好改变方向,粒子再次加速。如此反复,带电粒子在匀强磁场中做匀速圆周运动,从而实现同一电场对带电粒子的多次加速[10]。

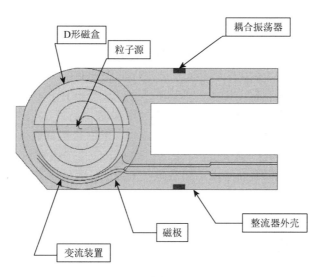

图 3.1　回旋加速器原理图

3.2.2　直线加速器

直线加速器管中的金属圈和高压发生器相连,能使一系列金属圈的负压由底部向顶端逐渐升高。产生质子的离子源安装在加速器管的上端。带正电的质子由于受到带负电的金属圈的吸引而顺管射下,由于下面金属圈的负电压不断增大,质子的速度也不断增加。直线加速器中的粒子主要在漂移管的高频加速场中进行加速 [在漂移管中保持匀速运动,在漂移管的间隙(加速间隙)中进行加速],并且加速环境为真空环境。漂移管的长度不同,并且长度会随着半个高频周期的变长而增加。粒子沿着长直轨道进入装置,然后撞击目标。直线加速器通常利用高频电磁场进行加速,同时被加速的粒子的运动轨迹为直线,如图 3.2 所示。在直线加速器中,粒子在高频加速器中被加速,并且整个加速系统都处于真空的状态。装置中的电磁体会将粒子限制在一个窄束内,当离子束撞击目标时,各种检测器会记录所释放的亚原子粒子和辐射。

按照被加速粒子的种类,直线加速器可大致分为三类,即电子加速器、质子加速器和重离子加速器。世界上第一台电子加速器是在 1940 年创造出来的。电子加速器一般采用

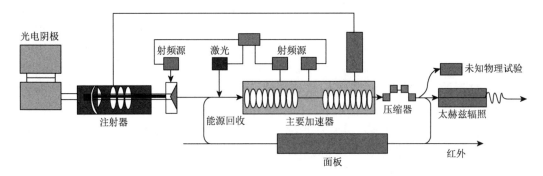

图 3.2　直线加速器原理图

行波或者驻波的方式来加速电子。电子束具有很强的穿透能力，可以深入物质分子内进行作用。由于质子的质量比电子大得多，在相同的粒子动能下，质子的速度要比电子的速度小得多。低能时，如果能量增长率相同，则质子的速度增长比电子慢得多。因此，质子加速器必须采用驻波谐振腔结构。电子加速器在加速电子的时候，当能量达到 2MeV 以后，电子的速度就很接近光速了，基本上不会再进一步加速[11]。

中国最大的重离子加速器是兰州重离子加速器，也称兰州重离子研究装置(Heavy Ion Research Facility in Lanzhou，HIRFL)。重离子加速器的作用原理与质子加速器的作用原理基本相同，二者的区别在于加速粒子的荷质比不同，重离子加速器加速粒子的荷质比小于等于 1。

3.2.3　其他粒子加速器

一般粒子加速器按照作用原理不同可分为很多类，除常见的回旋加速器和直线加速器之外，还有静电加速器、电子感应加速器、同步回旋加速器、激光粒子加速器和对撞机等。

(1)静电加速器：通过输电带将喷电针电晕放电的电荷输送到一个绝缘的空心金属电极内，使之充电至高电压用以加速带电粒子。加速器加速粒子的能量受到所使用绝缘材料击穿电压的限制。为了提高静电加速器的工作电压和束流强度，近代静电加速器安置在钢筒内，钢筒内充有绝缘性能良好的高压气体，以提高静电高压发生器的耐压强度，加速粒子能量可达 14MeV。静电加速器属于低能加速器，主要作各种技术应用。

(2)电子感应加速器：在电磁铁的两极之间安置一个环形真空室，当用交变电流励磁电磁铁时，在环形真空室内就会感生出很强的、同心环状的有旋电场。用电子枪将电子注入环形真空室，电子在有旋电场的作用下被加速，并在洛伦兹力的作用下沿圆形轨道运动。由于磁场和感生电场都是交变的，在交变电流的一个周期内，只有当感生电场的方向与电子绕行的方向相反时，电子才能得到加速。因此，要求每次注入电子束并使它加速后，在电场改变方向之前就将已加速的电子束从加速器中引出。由于用电子枪注入环形真空室的电子束已经具有一定的速度，在电场方向改变前的短时间内，电子束已经在环形真空室内绕行几十万圈，并且一直受到电场加速，可以获得能量相当高的电子。

(3) 同步回旋加速器：回旋频率与加速电场频率保持严格同步的粒子(称同步粒子)周围有一束非同步粒子，只要它们与同步粒子在能量上和相位上的差别在一定的范围内，也可得到稳定加速。如果同步粒子处在高频电场强度下降的相区内，当某一非同步粒子的相位落后于同步粒子时，会得到比同步粒子稍小的能量增益，它的回旋周期开始减小，因而在下一次到达加速电场区域时，其相位较前一次更接近同步粒子。如此往复，使非同步粒子的相位总是在同步相位附近做稳定相振荡，并获得与同步粒子相同的平均能量增益。同步回旋加速器在结构上与经典回旋加速器十分相似，主要区别是在起加速作用的 D 形电极的共振回路中使用可变电容器，以调变频率。频率调变的幅度通常在 2 : 1 左右，调制的重复频率为 60～100Hz。

(4) 激光粒子加速器：强激光束投射到金属光栅或者平滑的电介质表面时，在它们的表面附近会产生相速小于光速的加速场，场的方向是轴向，其强度沿离开表面距离呈指数形式迅速降低。一般来说，在与表面距离为波长的量级时，加速场的强度便衰减为表面值的 $1/e$，即大约为 1/3。因此，被加速的粒子必须沿物质结构表面运动，这样一来加速器的接收度就变得很小。另外，最高加速场的强度是在物质结构表面，可用于加速的场强也就受到电场击穿的限制，加速场的强度不能很大。

(5) 对撞机：两束高能粒子流在彼此相撞之前，以接近光速的速度向前传播。这两束粒子流分别通过不同光束管，向相反方向传播，这两根光束管都处于超高真空状态。通过一个强磁场促使它们围绕加速环运行，这个强磁场是利用超导电磁石获得的。这些超导电磁石是利用特殊电缆线制成的，它们在超导状态下进行工作，可以通过大电流获得强磁场，提高对粒子的约束能力。

粒子加速器的结构一般主要包括三个部分：①粒子源，用以提供所需加速的粒子，有电子、正电子、质子、反质子以及重离子等；②真空加速系统，其中有一定形态的加速电场，并且为了使粒子在不受空气分子散射的条件下加速，整个系统放在真空度极高的真空室内；③引导、聚焦系统，用一定形态的电磁场引导并约束被加速的离子束，使之沿预定轨道接受电场的加速。

加速器的效能指标是粒子所能达到的能量和粒子流的强度(流强)。按照粒子能量，加速器可分为低能加速器(能量小于 10^8eV)、中能加速器(能量在 10^8～10^9eV)、高能加速器(能量在 10^9～10^{12}eV)和超高能加速器(能量在 10^{12}eV 以上)。目前使用较多的是低能和中能加速器。

3.3　粒子辐照技术在材料领域的应用

材料辐照效应是射线粒子(质子、α 粒子、重离子、电子、γ 射线)与材料物质相互作用造成的材料物理、力学性能及组织成分与结构上的变化。它随射线粒子的种类、能量和物质性质不同而变化。

材料辐照效应来自入射到材料中的射线粒子与材料原子的相互作用，包括碰撞过程、缺陷形成过程和微观结构演化过程。这一系列的过程将使材料发生辐照肿胀、辐照生长和微观结构的变化。这些辐照缺陷和微观结构在应力场下与位错环相互作用形成力学性能变化和辐照蠕变,在电场与晶格振动场下与电子、声子相互作用形成物理性能的变化。而卢瑟福提出的 α 粒子经典散射理论则为粒子辐照损伤奠定了理论基础。

对不同的材料进行辐照会产生不同的辐照效应和不同程度的辐照损伤。产生的辐照缺陷浓度在最初阶段会随着辐照剂量的增大而线性增大,当辐照剂量增大到某个值的时候辐照缺陷浓度就会达到饱和状态。针对不同材料大致可以分为以下三大类。

第一类是金属材料。金属材料在受到辐照后,会产生辐照生长、辐照肿胀、硬度和强度增加、伸长率迅速下降等。第二类是陶瓷材料。陶瓷材料的熔点比较高,化学性质比较稳定。但是在经过粒子辐照后也会导致肿胀、核素迁移以及物理性能(热导率)下降和力学性能(强度、脆性等)改变。第三类是弥散性材料。此类材料内部辐照效应和材料本身的辐照效应相同,与金属材料的辐照效应类似[4]。

辐照过程中必然伴随着能量的变化。在离子-原子碰撞中同时发生离子、原子作为整体的反冲(或称核反冲)及离子、原子中电子激发两个方面的过程,前者通常称为过程的弹性方面,后者通常称为过程的非弹性方面,因为这两个方面引起的粒子能量损失不表现为反冲原子作为整体的机械能增加。

带电粒子的非弹性能量损失可分为两个部分:一部分用于激发;另一部分用于电离。当粒子的速度足够大时,这两个部分能量损失相等。当粒子速度很大(即粒子能量很大)时,运动粒子将迅速掠过原子,与使离子、原子中电子激发相比,使原子获得足够的动能需要更多的冲量,在这种情况下,除了碰撞参数 P 小到一定程度时与电子激发造成的粒子能量损失相比,在碰撞中粒子因核反冲导致的能量损失可以忽略。介质极化作用会使介质内部感应出偶极矩,并且会在介质表面产生极化电荷[12]。介质极化后电荷之间的电场会对点电荷产生一个拖滞力。由这个拖滞力做的负功成为点电荷能量损失的原因。

一般来讲,荷能粒子与晶格原子碰撞会有两种现象:一是传递给晶格原子的动能 $T<E_d$(E_d 为移位能),则被撞击的原子不离开晶格位置,而是以声子的形式在格点周围振动;二是 $T>E_d$,则被撞击的原子就可能越过势垒而离开晶格位置。移位能的确切计算是很复杂的,它不仅与固体的性质有关,而且与晶格原子的反冲方向有关。在粒子束应用范围内,对一般靶材料,可选取 $E_d = 15\sim90\mathrm{eV}$(依赖于晶体类型)。

如果移位原子的能量大于(或远大于)E_d,这样的初级移位原子就可能像入射粒子一样通过弹性碰撞使得其他晶格原子移位,产生次级移位原子。这样的过程可以不断进行下去,直至碰撞传递的能量不足以使得晶格原子移位,这个过程就称为级联碰撞或级联移位(cascade collision)。

级联过程是一个很复杂的过程,它具有以下特点:①持续时间短(研究表明,在入射粒子的能量在几十千电子伏特到几百千电子伏特时,其持续的时间仅是皮秒的几分之一,1ps = 10^{-12}s);②级联过程产生的晶体缺陷主要是大量的空位,这些空位与间隙原子相互分离的现象称为离位峰。

(1)初级过程:由外部入射粒子直接与固体内的点阵原子发生作用,并将部分能量传给被撞击的原子,这类直接被入射粒子碰撞产生离位的原子称为初级碰撞原子(primary knock-on atom,PKA)。带有相当能量并出射,离开自己点阵位置的初级碰撞原子称为初级离位原子。

（2）次级过程：入射粒子在固体内的慢化过程中可能产生若干个具有不同能量的初级碰撞原子。由于这些初级碰撞原子可能具有相当大的功能，它们又称为"炮弹"，撞击其他点阵原子并使之发生离位而形成二级碰撞原子。同理，具有相当能量的二级碰撞原子又能击出三级碰撞原子，这样一直延续下去，就构成了一个级联碰撞的过程。二级以下各个级的碰撞原子统称次级碰撞原子。

一个入射粒子辐照会在很小的体积内产生数百个弗仑克尔（Frenkel）对。离位损伤可造成材料辐照硬化、辐照脆化、辐照蠕变和辐照肿胀。辐照缺陷还可以改变材料中的原子扩散行为，并促使一系列由扩散控制或影响的过程加速进行，导致溶解、沉淀、偏聚等非平衡态[4]。

3.3.1　材料改性

在中子或者高能质子辐照情况下，核反应会产生嬗变核素。在反应堆中子辐照情况下，(n，p) 和 (n，α) 反应，造成材料中氢和氦的浓度增加，氢、氦与辐照缺陷对材料共同作用后，往往导致材料性能的下降。容易产生"氢脆""氦脆"及辐照肿胀等现象。尤其是在高温条件下进行辐照时，氢会促进材料产生辐照肿胀。"氢脆"是氢渗入晶体晶格后使金属晶格歪曲，产生晶体滑移，导致材料力学性能降低的现象[13]。"氦脆"的产生原因与"氢脆"大致相同。

对于某些材料（如高分子聚合物、陶瓷或玻璃硅酸盐材料），材料性能更多地受电离损伤的影响。入射粒子的另一部分能量转移给材料中的电子，使之激发或电离。这部分能量可导致化学键的断裂和辐照分解，相应地引起材料性能降低、介电击穿强度下降等现象。材料辐照后裂纹的出现与材料微观结构的改变有密切的联系，纳米晶结构表面韧性的降低和间隙原子在晶界的偏聚会导致材料表面脆性升高，从而增加了材料发生脆性断裂的可能性[14]。但是由于电子的质量仅是质子质量的 1/1836，在引起离子能损的同时几乎不改变离子运动的方向。

一定能量的离子进入晶体中后，总要损失能量，并使晶格产生损伤，如图 3.3 所示。

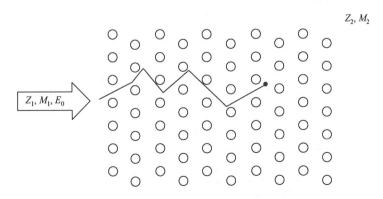

图 3.3　材料受辐照后所产生的离位损伤

Z_1、M_1、E_0 分别为入射粒子的质子数、质量数和能量；Z_2、M_2 分别为靶原子的质子数和质量数

　　这种损伤最简单的是点缺陷(如 Frenkel 对)。随着沉积能量的增加，点缺陷就会重叠起来形成缺陷团簇，并且点缺陷的浓度会随着温度的升高而增大。若浓度增大到一定程度，则晶体晶格会完全被打乱而形成无序的非晶层。通过一定条件的热处理(退火)来使杂质原子进入替代位置从而达到使晶格损伤恢复的目的，这是与荷能粒子入射并使晶格产生损伤相反的过程。在常用的退火方式(如常规热退火、快速热退火及红外退火等)中，晶格的恢复都是以固相外延再生长(重结晶)的方式来实现的。

　　对于半导体，辐照损伤可以使半导体的电导率发生很大变化；对于绝缘体，辐照损伤可以引起光吸收系数的改变；对于高分子材料，辐照损伤可使得材料电导率大幅提高。

　　粒子束与物质相互作用的特点为粒子束在时间和空间上随机、无规地作用于靶。这类相互作用的最主要特点是每一次相互作用(粒子与靶原子的碰撞)的时间和空间是随机、无规的，但是大量这种随机、无规的事件是服从一定的统计规律的。

　　多数材料受辐照后主要产生离位损伤，如图 3.3 所示。入射粒子与材料中的原子核碰撞，一部分能量转换为靶原子的反冲动能，当此动能超过点阵位置的束缚能时，原子便可离位。最简单的辐照缺陷是孤立的点缺陷，如在金属中的 Frenkel 对(由一个点阵空位和一个间隙原子组成)。级联碰撞条件下，在约 10nm 直径的体积内产生数百个空位和数百个间隙原子。根据粒子与物质相互作用产生的效应，可以分为以下几类。

　　(1)电离效应。电离效应是指反应堆中产生的带电粒子和快中子与材料中的原子相碰撞，产生高能离位原子，高能的离位原子与靶原子轨道上的电子发生碰撞，使电子跳离轨道，产生电离的现象。从金属键特征可知，电离时原子外层轨道上丢失的电子很快就会被金属中共有的电子所补充，因此电离效应对金属材料的性能影响不大。但电离效应对高分子材料会产生较大影响，因为电离破坏了它的分子键。

　　(2)离位效应。中子与材料中的原子相碰撞，碰撞时如果传递给点阵原子的能量超过某一最低阈能，这个原子就可能离开它在点阵中的正常位置，在点阵中留下空位。当这个原子的能量在多次碰撞中降到不能再引起另一个点阵原子位移时，该原子会停留在间隙中成为一个间隙原子。这就是辐照产生的缺陷。

　　(3)嬗变。嬗变即受撞的原子核吸收一个中子，变成一个异质原子的核反应。中子与材料产生的核反应[(n，α)和(n，p)]生成的氦气会迁移到缺陷里，氦气在晶体中的溶解度很小，很容易在晶界和位错处析出，促使形成空洞，造成氦脆。

　　(4)离位峰中的相变。有序合金在辐照时转变为无序相或非晶态。这是在高能中子辐照下产生离位峰，随后又快速冷却的结果。无序相或非晶态被局部淬火保留下来，随着注量增加，这种区域逐渐扩大，直到整个样品成为无序相或非晶态。

　　表 3.1 为材料改性的相关数据和结论。

表 3.1　材料改性相关数据与结论

效应	过程	温度范围	重要性
辐照引起偏析和在沉积结构中的变化	由微化学变化引起的非平衡相形成空位和间隙原子	$T > 0.2T_m$	腐蚀，加速可焊性及伴随的辐照硬化
低温脆性，韧性-脆性转变温度的升高	位错环和辐照引起的沉淀物的硬化	$0.1T_m < T < 0.3T_m$	压力容器体心立方钢和难熔合金

续表

效应	过程	温度范围	重要性
机械负载下的辐照蠕变	应力在有利方向的位错上引起间隙原子和空位吸收的择优性	$0.2T_m < T < 0.4T_m$	在辐照和应力下大多数核材料将出现这类损伤
辐照生长	位错环的各向异性的形核和生长	$0.1T_m < T < 0.3T_m$	非立方晶系材料(Zr 和 Zr 合金、U、石墨)
空洞肿胀	间隙原子在位错上的择位吸收，相应的过多的空位流进空洞	$0.3T_m < T < 0.5T_m$	在液态金属的冷却的快中子增殖堆中堆芯部件和聚变堆第一壁部件的奥氏体不锈钢
高温氦脆	在晶界氦脆的形核、生长导致过早的晶界断裂	$T > 0.45T_m$	聚变堆第一壁材料和快中子增殖堆堆芯部件高温气冷堆的控制棒

注：T_m 为材料熔点。

在一定温度条件下，间隙原子和空位可以彼此复合，或扩散到位错、晶界或表面等处而湮没，也可聚集成团或形成位错环。随着辐照次数的增加，位错环的数量和密度也会增加[14]。

一般地说，电子或质子照射产生孤立的点缺陷；中等能量($10^8 \sim 10^9$MeV)的重离子容易形成空位团及位错环；而中子产生的是两种缺陷。当材料在较高温度受大剂量辐照时，离位损伤导致肿胀、长大等宏观变化。肿胀是由体内均匀产生的空位和间隙原子流向某些漏(如位错)处的量不平衡所致，位错吸收间隙原子比空位多，过剩的空位聚成微孔洞，造成体积胀大而密度降低。辐照生长只有尺寸改变而无体积变化(材料定向伸长和缩短，而密度不发生改变)，仅在各向异性显著的材料中由形成位错环的择优取向而造成。离位损伤造成的各种微观缺陷显然会导致材料力学性能变化，如辐照硬化、脆化及辐照蠕变等。辐照缺陷还引起增强扩散，并促使一系列由扩散控制或影响的过程加速进行，如溶解、沉淀、偏聚等，并往往导致非平衡态。

3.3.2 性能测定

一般对材料的性能测试主要分三个方面：①材料的力学性能测定；②材料的物理性能测定；③材料的化学性能测定。本书主要针对材料的力学性能进行研究。

研究材料的力学性能主要是测试材料的弹性系数、疲劳极限和蠕变等。

(1)弹性系数：在同一位向上轴应力与应变之比称为弹性系数，它与应力-应变曲线中弹性形变的斜率相等。弹性系数与原子间的结合强度有关，原子间相互作用距离的平均值随温度升高而增大，所以弹性系数会随温度升高而减小。在所有的材料中，金属和陶瓷的弹性系数受温度影响最小[15]。

(2)抗拉强度：材料在拉伸应力作用下，首先发生弹性形变，随后发生弹塑性形变，最后发生完全形变(即断裂)等。弹性形变中应力与应变成正比，弹塑性形变是指在撤出外力后不能恢复原样的形变，而抗拉强度指的是在发生完全形变前发生最大弹塑性形变的能力[15]。

(3)蠕变：应力不随时间变化且应变随时间变化而缓慢增加的变化为蠕变，即在常应力的长期作用下发生的永久性形变。蠕变是一个热活化的过程。蠕变过程中会有位错的攀移运动和晶界的滑移，一般情况下的蠕变过程对材料本身都是有害的[3]。蠕变一般分为两类：第一类是辐照增强蠕变，这一类蠕变在无辐照条件下也能发生，但是辐照能加快蠕变速率；第二类是辐照诱发蠕变，这类蠕变在无辐照时不会产生，必须依靠辐照诱发才会产生。

(4)疲劳极限：材料在受到随时间而交替变化的荷载作用时，所产生的应力也会随时间而交替变化，这种交变应力超过某一极限强度而且长期反复作用即会导致材料的破坏，这个极限称为材料的疲劳极限。材料在辐照后疲劳寿命会缩短，这可能与辐照引起的材料脆化有关。

(5)辐照生长：各向异性晶体(或材料)受粒子(主要是中子)辐照只引起尺寸改变而无体积改变的现象称为辐照生长。

(6)辐照肿胀：材料在中子(或其他粒子)辐照下发生体积膨胀、密度降低的现象称为辐照肿胀。核燃料的肿胀由中子引发重核裂变而生成两个轻核所致。在高温条件下进行辐照，空位浓度过饱和时就会聚集在一起形成三维的晶体缺陷空洞，从而导致宏观上的材料密度降低和体积膨胀，也就是辐照肿胀。

参 考 文 献

[1]　石成长. 核辐射危害指南[J]. 人人健康, 2011(7)：14-15.

[2]　Kelcourse F C, Scheerer W G, Wirtz R J. Emulation of neutron irradiation effects with protons: Validation of principle[J]. Journal of Nuclear Materials, 2002, 300(2)：198-216.

[3]　张现亮, 朱敏波, 李琴. 空间辐照机理与防护技术研究[J]. 空间电子技术, 2007, 4(3)：17-20.

[4]　郁金南. 材料辐照效应[M]. 北京：化学工业出版社, 2007.

[5]　沈守江. 核辐射农业应用研究的进展与发展战略(综述)[J]. 浙江农业学报, 1995(6)：494-498.

[6]　Reed A B. The history of radiation use in medicine[J]. Journal of Vascular Surgery, 2011, 53(1)：1-5.

[7]　许武林, 吕航, 戚新. 电磁射频辐射对人体健康的危害[J]. 环境污染与防治, 1995(3)：31-33.

[8]　陈志岳, 柯文仲. 核电是极其安全的能源[J]. 环境, 2001(12)：40.

[9]　赵小凤, 徐洪杰. 同步辐射光源的发展和现状[J]. 核技术, 1996(9)：568-576.

[10]　刘艳峰. 回旋加速器工作原理及应用[J]. 数理化解题研究, 2012(6)：34-36.

[11]　王书鸿. 质子直线加速器原理[M]. 北京：中国原子能出版社, 1986.

[12]　孙目珍. 电介质物理基础[M]. 广州：华南理工大学出版社, 2000.

[13]　万晓景. 金属的氢脆[J]. 材料保护, 1979(1)：13-27.

[14]　郝胜智, 李旻才, 张向东, 等. 强流脉冲电子束材料表面改性技术[C]. 北京：全国荷电粒子源、粒子束学术会议暨中国电工技术学会粒子加速器学术交流会, 2008：307-311.

[15]　吴日华, 杨杰. 材料的结构与性能[M]. 合肥：中国科学技术大学出版社, 2001.

第4章 钆锆烧绿石三、四价锕系模拟核素固化体的辐照效应

国内外研究中,常根据价态相符、离子半径相近及核外电子轨道近似等原则进行模拟核素的合理选取。由于 $Nd^{3+}(r=1.109\text{Å})$ 与三价锕系核素 $Pu^{3+}(r=1.000\text{Å})$、$Am^{3+}(r=1.010\text{Å})$、$U^{3+}(r=1.060\text{Å})$ 和 $Th^{3+}(r=0.900\text{Å})$ 等元素的离子半径极为相近,$Ce^{4+}(r=0.87\text{Å})$ 与四价锕系核素 $Pu^{4+}(r=0.80\text{Å})$、$U^{4+}(r=0.97\text{Å})$ 和 $Th^{4+}(r=1.00\text{Å})$ 等元素的离子半径极为接近,Nd^{3+} 和 Ce^{4+} 成为国际上较为具有代表性的模拟核素。卢喜瑞等[1]曾采用上述依据成功制备出 $Gd_{2-x}Nd_xZr_2O_7(0 \leqslant x \leqslant 2.0)$ 以及 $Gd_2Zr_{2-x}Ce_xO_7(0 \leqslant x \leqslant 2.0)$ 系列固化体,并对所制备固化体进行物相、微观结构、微观形貌等分析。在此基础上,本章将对钆锆烧绿石三、四价锕系模拟核素固化体的辐照效应进行研究,从而为获得烧绿石固化体更加全面的性能提供依据。

4.1 钆锆烧绿石三价锕系模拟核素固化体的辐照效应

4.1.1 固化体的配方设计与烧结

根据卢喜瑞等[1]曾进行的单一锕系模拟核素的钆锆烧绿石 $Gd_{2-x}Nd_xZr_2O_7(0 \leqslant x \leqslant 2.0)$ 固化及稳定性相关研究的实验结果,本章采用高温固相法合成 $Nd_2Zr_2O_7$ 样品。以分析纯试剂(analytical reagent,AR)级的 Nd_2O_3 和 ZrO_2 粉体为原料,在电热恒温鼓风干燥箱900℃条件下保温24h,以除去原料中的水分和杂质。根据 $Nd_2Zr_2O_7$ 的化学式称取物质的量之比为1:2的 Nd_2O_3 和 ZrO_2 原料粉体,将称量好的原料加入玛瑙研钵中,加入无水乙醇后对其进行细化以及均匀的混合处理。将研磨混合好的粉末干燥后压制成直径为10mm、高度约2mm的圆片。

将预压成型的样品圆片放入高温马弗炉中进行烧结,烧结采用6℃/min的升温速率,在1500℃下保温72h,自然冷却至200℃左右将样品取出。样品烧结工艺曲线见图4.1。

4.1.2 固化体的辐照实验

进行固化体样品的辐照实验之前,先进行样品的预处理。

(1)将样品置于金相试样抛光机上,先后用1000目和2000目的水磨砂纸及绒布打磨抛光,获得表面平整、具有光泽的样品。

(2)将抛光后的样品放入装有酒精的烧杯中,使样品没入酒精中,再将烧杯置于KQ-100DE型数控超声波清洗器中洗涤10min,将表面污染物清洗干净,以避免其对辐照实验造成影响。

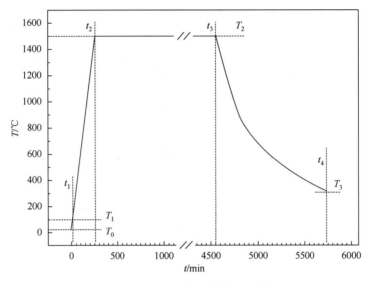

图 4.1　$Nd_2Zr_2O_7$ 样品烧结工艺曲线

T_0 为室温；T_1 为开始温度；T_2 为保温温度；T_3 为终止温度；t_1，t_2，t_3，t_4 分别为相应阶段的时间

（3）将清洗后的样品进行烘干处理。

开展相关辐照实验如下。

离子在固体材料中的射程与分布（Stopping and Range of Ions in Matter，SRIM）是一个标准的蒙特卡罗植入损伤和深度模拟计算程序，用来预测辐照损伤和注入深度剖面[2]。对于 α 辐照实验，为研究 α 辐照损伤的机制，采用 0.5MeV He^{2+} 对样品进行 SRIM 估算[3]。模拟计算结果如图 4.2（a）所示，结果表明样品中 He^{2+} 的穿透深度约为 8601Å。根据图 4.2（b）可计算出在 1×10^{17}ions/cm^2 辐照剂量下的位移损伤约为 0.93dpa[4]。利用掠入射 X 射线衍射（grazing incidence X-ray diffraction，GIXRD）方法对 α 辐照下样品的结构损伤进行表征。根据临界入射角计算，其掠入射角为 3.41°[2]。因此，选择不同的掠入射角（γ = 0.5°、1.0°、1.5°、2.0°、2.5°、3.0°）对样品进行不同深度（$d \approx$ 0.25μm、0.38μm、0.50μm、0.63μm、0.76μm）的辐照，同时对其晶体结构损伤情况进行研究[5, 6]。

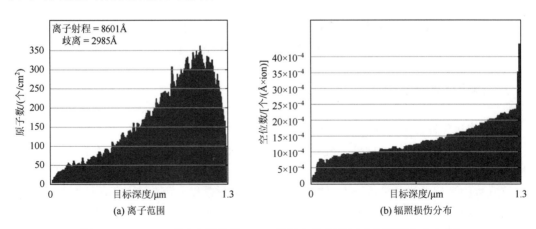

（a）离子范围　　　　　　　　　　　　　（b）辐照损伤分布

图 4.2　0.5MeV He^{2+} 注入样品的 SRIM 模拟离子范围（a）和辐照损伤分布（b）

将成功制备完成的 $Nd_2Zr_2O_7$ 样品原片切成小块(约 1.6cm×1.7cm×0.1cm)。室温条件下，在中国科学院近代物理研究所采用 0.5MeV He^{2+}，以辐照剂量为 $1×10^{14}~1×10^{17}ions/cm^2$ 进行 α 辐照实验。

Xe^{20+}辐照实验在中国科学院近代物理研究所 320kV 高电荷态离子综合研究平台(简称高压平台)3 号实验终端完成。实验装置图和 320kV 高压平台以及高真空终端示意图分别如图 4.3 和图 4.4 所示。Xe^{20+}从电子回旋共振离子源(electron cyclotron resonance ion source，ECRIS)引出，经过聚束器和光栅的准直，被 90°偏转磁场从干线上引到真空靶室终端的支线上。引入支线的束流可以通过法拉第筒来监测其流强。束流在支线上经过 X 和 Y 两个方向的光栅对束流准直并调整束斑后进入真空靶室与样品成 90°垂直辐照。真空保持为 $10^{-9}~10^{-8}mbar$(1mbar = 100Pa)。

图 4.3　重离子辐照实验装置实物图

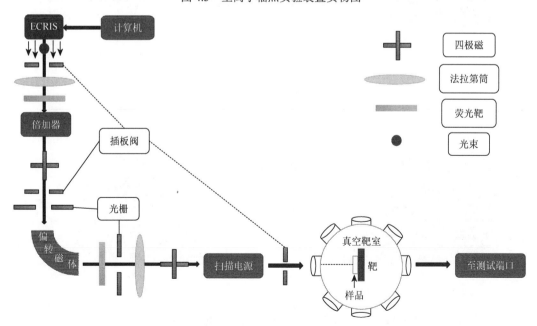

图 4.4　320kV 高压平台以及高真空终端示意图

　　该平台使用的离子源 ECRIS。这种离子源是产生高电荷态强流离子束的最有效装置，能够提供不同种类、多种电荷态的离子。它主要应用于各种重离子加速器、核物理和原子物理等基础研究领域，在半导体、离子注入和材料改性等工业领域也有广泛的应用。ECRIS 主要由磁场、微波、真空、供料及引出五部分组成，其工作原理为，利用微波加热等离子体，电子被微波加速获得能量变成高能电子，高能电子游离原子生成电子回旋共振(electron cyclotron resonance，ECR)等离子体，等离子又受到最小磁感应强度 B_{min} 的约束，被约束的等离子继续经受高能电子的逐级游离而生成高电荷态离子，离子经高压引出形成离子束，微波功率经波导或同轴线传输到等离子体区，当微波频率等于电子的回旋共振频率时，即

$$\omega_{ECR} = \omega_{RF} = eB / (m_0 \omega_{ECR})$$

式中，ω_{ECR} 为在磁场中电子的回旋共振频率；ω_{RF} 为入射的微波频率；B 为离子源共振磁感应强度；m_0 为电子质量；e 为电子电量，部分电子将发生对微波频率的共振吸收，从而获得高温等离子体。

　　本实验采用三面靶架，每面竖直粘贴 4 个样品，实验过程中可通过提升旋转靶架改变受辐照的靶面，保证样品被离子束均匀辐照，并采用束流积分仪对辐照剂量进行监控，使用微安表监控流强，实验过程中束流一直比较稳定。

　　对于重离子辐照实验，为研究重离子辐照损伤的机制，在实验前，采用 SRIM 模拟计算来预测样品的辐照损伤和注入深度剖面。同时模拟样品经 2.0MeV Xe^{20+}，在辐照剂量为 $4.08 \times 10^{13} \sim 5.28 \times 10^{16}$ions/cm^2 的辐照过程。如图 4.5(a)所示，辐射损伤分布值为 2.3 个/(Å×ion)。其浅层的累积辐照损伤比深层更明显。如图 4.5(b)所示，Xe^{20+} 穿透深度约为 5696Å。根据辐照损伤结果可知，当辐照剂量为 4.08×10^{13}ions/cm^2 时，位移损伤可达 0.208dpa[6]。

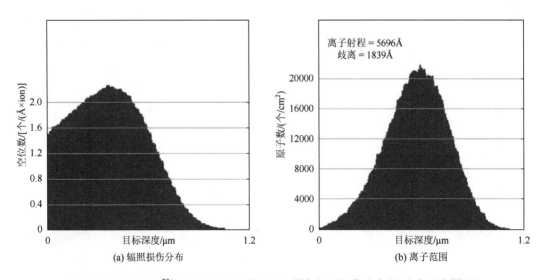

图 4.5　2.0MeV Xe^{20+}注入 Nd$_2$Zr$_2$O$_7$ 的 SRIM 模拟辐照损伤分布(a)和离子范围(b)

将所得 $Nd_2Zr_2O_7$ 样品抛光至边长为 0.5μm 的方块后，经洗涤、干燥处理后展开重离子辐照实验。辐照实验是在中国科学院近代物理研究所 320kV 高压平台上进行的。在室温条件下，采用辐照剂量为 $4.08\times10^{13}\sim5.28\times10^{16}$ions/cm^2 的 2.0MeV Xe^{20+}。样品的重离子辐照参数如表 4.1 所示。

表 4.1　$Nd_2Zr_2O_7$ 经 2.0MeV Xe^{20+}辐照的参数

离子种类	离子深度/Å	辐照剂量/(ions/cm^2)	位移损伤/dpa
2.0MeV Xe^{20+}	5696	4.08×10^{13}	0.208
		4.08×10^{14}	2.083
		5.28×10^{15}	26.963
		5.28×10^{16}	269.627

4.1.3　固化体的 α 辐照效应

采用 X 射线衍射仪(X'Pert PRO，PANalytical B. V.，荷兰)研究 $Nd_2Zr_2O_7$ 样品的物相组成。通过 θ-2θ 几何构型、CuKα 辐射($\lambda = 1.5406$Å)、扫描步长为 0.02°、停留时间为 2s 等测试条件进行 GIXRD。拉曼光谱用于识别经 α 辐照后样品的微观结构变化。采用扫描电镜(scanning electron microscope，SEM，Ultra55，Carl Zeiss AG，德国)观察分析辐照前后样品的微观形貌。

1. 固化体的物相变化

图 4.6 为辐照前 $Nd_2Zr_2O_7$ 样品的 GIXRD 图谱，图 4.7 和图 4.8 分别给出了经不同辐照剂量、不同掠入射角下样品的 GIXRD 图谱。辐照后的样品在 $2\theta\approx14°$(111)、27°(311)、37°(331) 和 45°(511)处无超晶格峰出现，从而表现为具有缺陷的萤石结构。根据以前对烧绿石相关的研究可知，烧绿石结构的离子半径比($r_{Nd^{3+}}$ / $r_{Zr^{4+}}$)为 1.542，这个值属于烧绿石结构范围[7]。因此，α 辐照引起 $Nd_2Zr_2O_7$ 由烧绿石结构转变为具有缺陷的萤石结构。

图 4.7 为在掠入射角 $\gamma = 0.5°$下，经不同辐照剂量($1\times10^{14}\sim1\times10^{17}$ions/cm^2)辐照后 $Nd_2Zr_2O_7$ 样品的 GIXRD 图谱。结果表明：在辐照剂量为 $1\times10^{14}\sim1\times10^{17}$ions/cm^2 时，样品的主衍射峰强度基本保持不变。然而，与原始样品的衍射峰相比，$2\theta\approx62°$(444) 和 71°(442)处的衍射峰随着辐照剂量的增强而逐渐消失。此外，图 4.7 中部分放大了在 55°~61°时 $Nd_2Zr_2O_7$ 样品的 GIXRD 图谱。观察到主衍射峰向低 2θ(从 58.42°到 57.48°)方向轻微移动，60°附近的半峰全宽(full width at half-maximum，FWHM)随辐照剂量的增加而从 0.859° 变化到 1.029°。这表明 α 辐照可引起晶胞轻微肿胀。此外，在辐照过程中，不同离子的穿透深度对样品的辐照损伤也是有差异的。因此，对于经不同掠入射角下辐照后 $Nd_2Zr_2O_7$ 样品的研究是很有必要的。

为了进一步研究不同掠入射角下辐照对样品的影响，采用不同掠入射角（$\gamma = 0.5°$、$1.0°$、$1.5°$、$2.0°$、$2.5°$、$3.0°$），对在最大辐照剂量（$1 \times 10^{17} ions/cm^2$）下的样品进行表征，如图 4.8 所示。结果表明，随着检测深度的增加，GIXRD 图谱中主衍射峰强度保持了一定的一致性。这意味着辐照损伤与检测深度基本无关。此外，没有观察到明显的峰移。这可能是因为辐照后的样品从烧绿石结构转变为具有缺陷的萤石结构，由于阳离子和阴离子无序程度较高，辐照所产生的缺陷会有较好的稳定性[4, 8]。

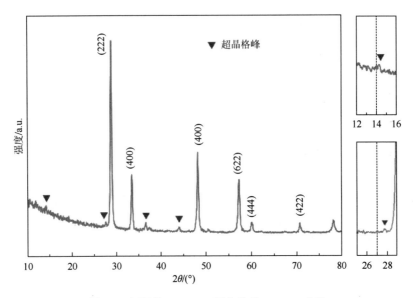

图 4.6　辐照前 $Nd_2Zr_2O_7$ 固化体的 GIXRD 曲线

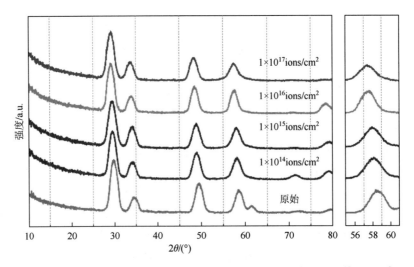

图 4.7　$Nd_2Zr_2O_7$ 固化体经 He^{2+} 辐照后（0.5MeV、$1 \times 10^{14} \sim 1 \times 10^{17} ions/cm^2$）
所得 GIXRD 曲线（$\gamma = 0.5°$）

竖直曲线辅助区分峰位位移

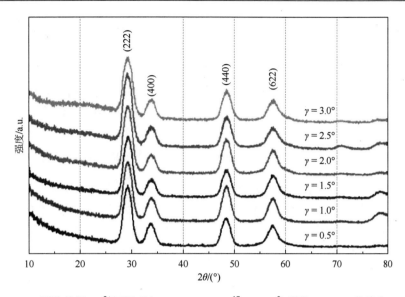

图 4.8　$Nd_2Zr_2O_7$ 固化体经 He^{2+}辐照后（0.5MeV、$1×10^{17}$ions/cm²）所得 GIXRD 曲线（γ = 0.5°～3.0°）

竖直曲线辅助区分峰位位移

2. 固化体的微观结构变化

由于拉曼光谱对高度有序矩阵的晶体结构是较为敏感的[9]，结合 GIXRD 方法，可观察到更加全面的陶瓷样品结构。如图 4.9 所示，经一系列辐照后的样品在 300cm⁻¹、400cm⁻¹ 和 500cm⁻¹ 附近显示出三个高强度振动带。300cm⁻¹ 附近的振动带为 Zr—O_6 的弯曲振动，属于 E_g 振动模式。在 400cm⁻¹ 附近的振动带是 F_{2g} 振动模式，主要是 Zr—O 的伸缩振动，伴随着 Nd—O 的伸缩振动和 O—Zr—O 的弯曲振动。在 500cm⁻¹ 附近的振动带出

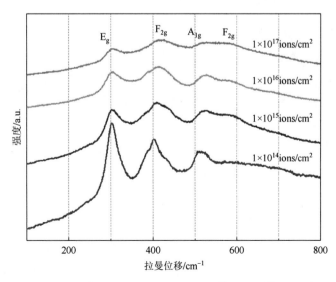

图 4.9　$Nd_2Zr_2O_7$ 固化体经 He^{2+}辐照后（0.5MeV、$1×10^{14}$～$1×10^{17}$ions/cm²）所得拉曼光谱图

竖直曲线辅助区分峰位位移

现重叠的趋势，主要是 Zr—O 和 Nd—O 的伸缩振动及 O—Zr—O 的弯曲振动，它们分别属于 A_{1g} 和 F_{2g} 振动模式。在样品整体的拉曼光谱中，每个样品的振动模式如表4.2所示[10,11]。随着辐照剂量的增加，所有模式的光谱都逐渐呈现出蓝移现象，这可以推断出辐照剂量会引起基质中有序度的变化。随着辐照剂量的增加，主拉曼振动谱峰向高波数方向移动的现象表明，样品的结构有序度呈下降趋势，辐照后样品的主拉曼振动谱趋于均匀化。此外，随着辐照剂量的增加，A_{1g} 振动模式逐渐消失。结合 GIXRD 的研究结果可以推测，从烧绿石结构转变为萤石结构的相演化过程中辐照对萤石结构损伤较小。

表 4.2　辐照后样品的拉曼频率和分配[10,11]

拉曼频率/cm^{-1}				分配
1×10^{14}ions/cm^2	1×10^{15}ions/cm^2	1×10^{16}ions/cm^2	1×10^{17}ions/cm^2	
300	301	303	306	E_g
408	408	410	423	F_{2g}
508	525	525	525	A_{1g}
580	569	565	—	F_{2g}

注：本书对拉曼位移和拉曼频率不作区分。

3. 固化体的微观形貌变化

图 4.10 采用 SEM 表征了 $Nd_2Zr_2O_7$ 样品的微观形貌，并在图中显示了一些典型的显微结构。如图 4.10(a)所示，原始样品表面平坦，晶粒均匀，平均晶粒尺寸为 1~4μm。此外，在图 4.10(b)和(c)中，辐照样品上的晶粒变化不大，虽然表面存在一些孔隙，但在辐照样品上可以观察到清晰的边界，这些孔隙由烧结过程中产生的气体所导致[12]。综上所述，辐照前后样品的表面微观结构变化不大，总体变化与前面的分析一致。

 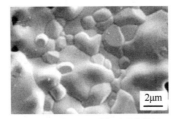 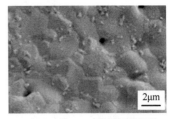

(a) 原始样品　　　　　(b) 经1×10^{14}ions/cm^{2}辐照后的样品　　　　(c) 经1×10^{17}ions/cm^{2}辐照后的样品

图 4.10　$Nd_2Zr_2O_7$ 固化体经 He^{2+}辐照前后（0.5MeV、1×10^{14}~1×10^{17}ions/cm^2）所得 SEM 图片

4.1.4　固化体的重离子辐照效应

采用 X 射线衍射仪（BrukerD8，Bruker AXS，德国），利用 GIXRD，以 CuKα 射线为光源，对经重离子辐照后所得样品的物相结构进行研究。以 3°/min 的扫描速率，在 10°~80°内记录 GIXRD 图谱，扫描步长为 0.02°。在 100~800cm^{-1} 的激光拉曼光谱仪（inVia，Renishaw，英国）上进行拉曼光谱的测试。用场发射扫描电子显微镜（field emission scanning electron microscope，FESEM，Ultra55，Carl Zeiss AG，德国)观察辐照样品的微观形貌，并用附在 SEM 上的能量色散 X 射线光谱仪(energy dispersion X-ray spectroscopy，EDX)分析元素的分布。用 FETEM(Libra 200FE，Carl Zeiss AG，德国)对辐照样品进行高分辨透射电镜(high resolution transmission electron microscope，HRTEM)和选区电子衍射(selected area electron diffraction，SAED)测试。

1. 固化体的物相变化

图 4.11 显示了 $Nd_2Zr_2O_7$ 在 X 射线掠入射角 $\gamma = 0.5°$ 下的 GIXRD 图谱。从图中可以看出，原始的 $Nd_2Zr_2O_7$ 在 $2\theta = 14°(111)$、$28°(311)$、$37°(331)$、$44°(511)$、$51°(531)$ 处出现超晶格衍射峰，从而表现为烧绿石结构[6, 13]。这符合关于 $A_2B_2O_7$ 化合物的普遍原理。当阳离子半径比在 $1.46 \leqslant r_A/r_B \leqslant 1.78$ 时，有可能形成有序的烧绿石结构，而正常情况下则会形成无序的萤石结构[14]。$Nd^{3+}(r = 1.10\text{Å})$ 与 $Zr^{4+}(r = 0.72\text{Å})$ 半径比为 1.53，因此 $Nd_2Zr_2O_7$ 陶瓷表现为烧绿石相。样品经辐照剂量为 $4.08 \times 10^{13}\text{ions/cm}^2$ 的辐照后，超晶格衍射峰消失，而主衍射峰保持不变。这表明原始存在的超晶格结构发生变化，辐照诱导样品从烧绿石结构转变为具有缺陷的萤石结构。这从已发表文章[15]的观点来解释，即由于阳离子反位反应$(A_A + B_B \longrightarrow A'_B + B'_A)$，阳离子的亚晶格因辐照而变得无序化，甚至无序的负离子也参与 Frenkel 缺陷形成反应$(O_O \longrightarrow V''_O + O''_i)$[16]。在烧绿石中，阳离子反位缺陷形成能最低，$Nd_2Zr_2O_7$ 的能量为 $4\sim4.4\text{eV}$[16, 17]。此外，随着辐照剂量的增加，所有衍射峰强度都会降低，这反映了结晶度随辐照剂量的增加而降低。

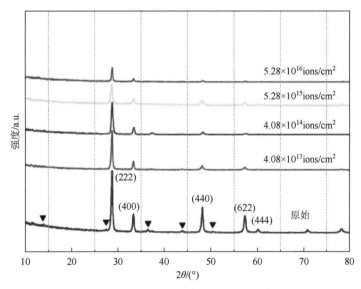

图 4.11　$Nd_2Zr_2O_7$ 固化体经 Xe^{20+} 辐照后$(2.0\text{MeV}、4.08 \times 10^{13}\sim5.28 \times 10^{16}\text{ions/cm}^2)$所得 GIXRD 曲线$(\gamma = 0.5°)$

竖直曲线辅助区分峰位位移

图 4.12 为在不同掠入射角$(\gamma = 0.5°、1.0°、1.5°、2.0°$和$2.5°)$下，经最大辐照剂量 $5.28 \times 10^{16}\text{ions/cm}^2$ 辐照后 $Nd_2Zr_2O_7$ 的 GIXRD 图谱。结果表明，随着掠入射角的增加，$29.5°$

$(222)_P$、34°$(400)_P$ 和 49°$(440)_P$ 处的 XRD 峰强度明显增强。选择的掠入射角分别对应于 0.12μm、0.25μm、0.38μm、0.50μm 和 0.63μm 的深度，表明随着辐照深度的增加，辐照损伤逐渐减弱[5,18]。此外，随着掠入射角 γ 的增加，超晶格峰逐渐出现，表明样品的深层结构保持良好的晶体结构。当 γ 增加到 2.5° 时，四个典型的超晶格峰都出现了。因此，可得出在掠入射角为 $\gamma = 2.5°$ 处，X 射线已经穿透样品损伤层，到达非辐照区域。

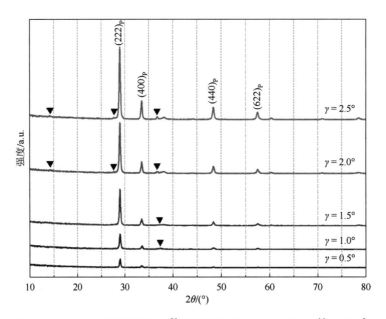

图 4.12　$Nd_2Zr_2O_7$ 固化体经 Xe^{20+} 辐照后（2.0MeV、5.28×10^{16}ions/cm²）
所得 GIXRD 曲线（$\gamma = 0.5° \sim 2.5°$）
竖直曲线辅助区分峰位位移

　　为了进一步研究 $Nd_2Zr_2O_7$ 的辐照损伤，分别计算 $Nd_2Zr_2O_7$ 的非晶态分数随辐照剂量和掠入射角的变化。计算公式如下：

$$f_A = 1 - \frac{\sum_{i=1}^{n} \dfrac{A_i^{irradiated}}{A_i^{unirradiated}}}{n}$$

式中，f_A 为非晶态分数；$A_i^{irradiated}$ 和 $A_i^{unirradiated}$ 为辐照和未辐照样品的第一条线的净面积；n 为考虑的谱线数。本书讨论在 29.5°$(222)_P$、34°$(400)_P$ 和 49°$(440)_P$ 处的三个主要峰，并根据以前的讨论，将 $\gamma = 2.5°$ 处的面积数据作为 $A_i^{unirradiated}$。此外，通过峰值拟合程序对所有的 GIXRD 曲线进行拟合，得到面积数据，计算结果如图 4.13 所示。

　　图 4.13（a）描述了非晶态分数随辐照剂量的变化趋势。当辐照剂量为 4.08×10^{13}ions/cm² 时样品出现非晶态；并且在本章考虑的最大辐照剂量（5.28×10^{16}ions/cm²）下，非晶态分数达到 0.87。这一变化趋势与 Weber[19]、Yang 等[20]提出的缺陷积累模型具有较好的一致性。此外，$Nd_2Zr_2O_7$ 中高能离子（900MeV U^{46+} 和 940MeV Pb^{41+}）辐照剂量为 10^{13}ions/cm² 的非晶态分数高于此辐照所产生的非晶态分数[21]。这证实了辐照损伤实际上与能量存在一定

的关系。图 4.13 (b) 表明了辐照诱导的非晶态主要集中在表面，随着掠入射角或检测深度从 0.5°(0.12μm) 增加到 2.0°(0.50μm)，样品的损伤程度快速降低[6]。

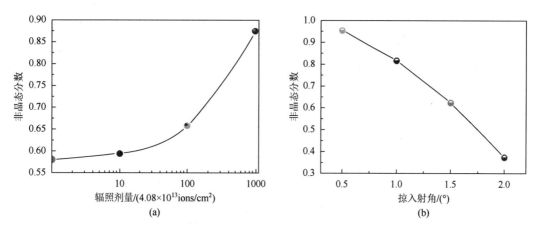

(a)　　　　　　　　　　　　　　　　(b)

图 4.13　(a) 经 Xe^{20+} 辐照 $Nd_2Zr_2O_7$ 固化体后 (2.0MeV、$4.08×10^{13}～5.28×10^{16}ions/cm^2$) 所得 GIXRD 曲线计算出非晶态分数 ($\gamma = 0.5°$)，(b) 经 Xe^{20+} 辐照 $Nd_2Zr_2O_7$ 固化体后 (2.0MeV、$5.28×10^{16}ions/cm^2$) 所得 GIXRD 曲线计算出非晶态分数 ($\gamma = 0.5°～2.0°$)

2. 固化体的微观结构变化

图 4.14 为 $Nd_2Zr_2O_7$ 在 $100～800cm^{-1}$ 辐照前后的拉曼光谱图。相关的拉曼振动模式所对应的值如表 4.3 所示。原始样品在 $242cm^{-1}(F_{2g})$、$304cm^{-1}(E_g)$、$406cm^{-1}(F_{2g})$、$514cm^{-1}(A_{1g})$

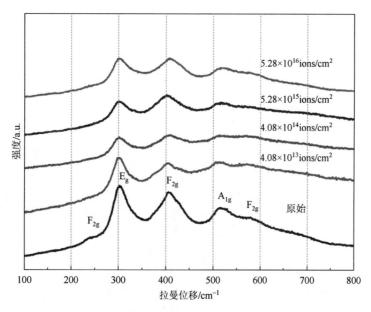

图 4.14　$Nd_2Zr_2O_7$ 固化体经 Xe^{20+} 辐照前后 (2.0MeV、$4.08×10^{13}～5.28×10^{16}ions/cm^2$) 所得拉曼光谱图

竖直曲线辅助区分峰位位移

和 579cm^{-1}(F$_{2g}$)处有五种拉曼振动模式，而没有第四种预测的 F$_{2g}$ 振动模式[22]。辐照后，整个拉曼光谱没有表现出明显的变化，只有轻微的强度损失和峰值展宽。当辐照剂量达到 $5.28×10^{15}$ions/cm^2 时，在 242cm^{-1} 附近的 F$_{2g}$ 振动模式消失。在较高的辐照剂量下，在 514cm^{-1} 附近的 A$_{1g}$ 振动模式与 579cm^{-1} 附近的 F$_{2g}$ 振动模式合为一个峰。这些拉曼振动光谱的微小变化与 Gd$_2$(Ti$_{1-y}$Zr$_y$)$_2$O$_7$ 烧绿石中所得结果一致，即经 2.0MeV Au^{2+}辐照后，阳离子的无序化似乎影响着样品的结构转变[23]。此外，需要注意的是，经辐照后所有样品的光谱中仍然存在主要的原始拉曼振动模式。这与用 120MeV Au^{2+}辐照 Nd$_2$Zr$_2$O$_7$ 陶瓷的另一项工作类似[17]。在以萤石为主的结构中，可能存在一些烧绿石微畴。此外，可以从另外一个角度来理解：有序向无序(order-disorder，O-D)转变只受阳离子无序的控制[17, 24]。巧合的是，XRD 研究更有助于了解阳离子的无序性，而不是阴离子的亚晶格，而拉曼光谱在微观尺寸上对阴离子有序的探测是较为敏感的[25-30]。

表 4.3　辐照前后样品的拉曼频率和分配

原始样品拉曼频率/cm^{-1}	辐照样品拉曼频率/cm^{-1}				分配
	$4.08×10^{13}$ions/cm^2	$4.08×10^{14}$ions/cm^2	$5.28×10^{15}$ions/cm^2	$5.28×10^{16}$ions/cm^2	
242	241	246	—	—	F$_{2g}$
304	300	303	302	301	E$_g$
406	407	411	405	408	F$_{2g}$
514	513	525	507	521	A$_{1g}$
579	573	565	570	574	F$_{2g}$

3. 固化体的微观形貌变化

采用 SEM 研究 Nd$_2$Zr$_2$O$_7$ 的微观形貌，以及经最高辐照剂量($5.28×10^{16}$ions/cm^2)辐照后样品的微观形貌，如图 4.15 所示。可以看出，原始样品的表面是平坦的，在预处理过程中由于抛光而产生一些浅凹槽和几处划痕。经过辐照后，微观形貌发生了明显的变化，产生了直径为 1.0~3.0μm 的孔洞，有些孔洞相互重叠，部分孔洞相互连接。虽然辐照后的

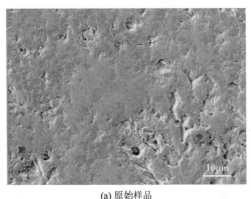
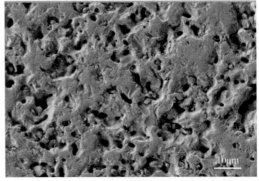

(a) 原始样品　　　　　　　　　　　　　　　　　(b) 辐照后的样品

图 4.15　Nd$_2$Zr$_2$O$_7$ 固化体经 Xe^{20+}辐照前后(2.0MeV、$5.28×10^{16}$ions/cm^2)所得 SEM 图片

微观形貌受到严重破坏，但是辐照后表面的元素分布保持良好，只是深孔内的元素分布已无法再被检测到。图 4.16 为 EDX 图像。各元素(Nd、Zr、O)均匀分布于样品表面，未观察到元素聚集现象。这与 GIXRD 的结果一致，即辐照没有产生含有不同元素的新相。

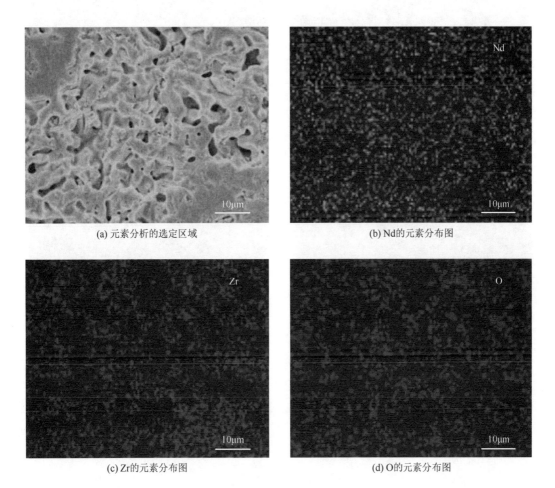

(a) 元素分析的选定区域　　　　　　　　　(b) Nd的元素分布图

(c) Zr的元素分布图　　　　　　　　　　(d) O的元素分布图

图 4.16　$Nd_2Zr_2O_7$ 固化体经 Xe^{20+} 辐照后(2.0MeV、5.28×10^{16}ions/cm^2)所得 EDX 图片

图 4.17 表明了原始样品和经 5.28×10^{16}ions/cm^2 辐照剂量辐照后样品的 HRTEM 图像和 SAED 图谱。图 4.17(a)中的 HRTEM 图像表明了原始样品结晶良好，原子有序排列。原始样品的 SAED 图谱显示出两组衍射斑点，显示为双间距［图 4.17(b)］。这与已报道的烧绿石衍射图谱相似[21, 31-34]。此外，这与 GIXRD 的结果是一致的，即最初的结构为烧绿石相，在主结构中嵌入了一个超结构。辐照后样品的 HRTEM 图像可分为两部分［图 4.17(c)］。在非损伤区，原子阵列可以清晰地分辨，而损伤区的原子是任意分布的，具有明显的无定形特征。在图 4.17(d)所示的 SAED 图谱中，辐照后的样品显示出由模糊斑点组成的不连续衍射环。在 GIXRD 结果的证实下，辐照样品的表面在 5.28×10^{16}ions/cm^2 辐照剂量辐照下几乎无定形。结果表明，在上述所涉及的离子能量范围内，2MeV 离子可引起样品由烧绿石结构向具有缺陷的萤石结构的相转变，甚至最终导致非晶态。

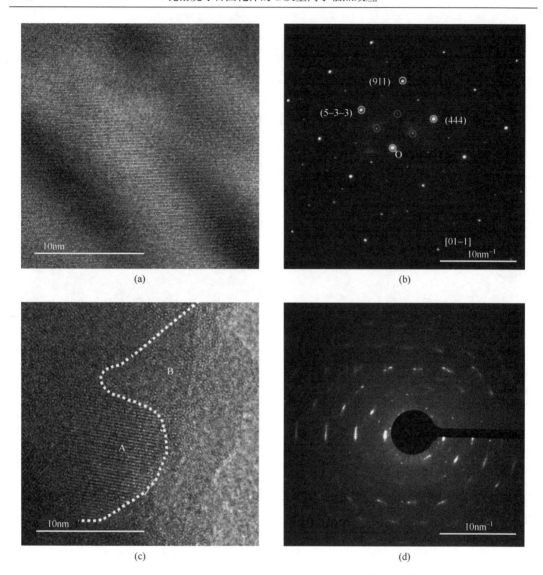

图 4.17　辐照前样品的(a)HRTEM 图像和(b)SAED 图谱，经 5.28×10^{16}ions/cm^2 辐照剂量辐照后样品的(c)HRTEM 图像和(d)SAED 图谱

在(b)中，亮点与亮圆圈交错，表现为主结构的衍射点，弱圆圈的弱点表示上部结构的差分数点；(c)中的虚线表示未损伤区(用 A 表示)和损伤区(用 B 表示)之间的边界

4.2　钆锆烧绿石四价锕系模拟核素固化体的辐照效应

4.2.1　固化体的配方设计与烧结

采用高温固相法合成 $Gd_2Ce_2O_7$ 烧绿石。以 Ar 级 Gd_2O_3 和 CeO_2 粉体为原料。在称重之前，将所有原料置于电热恒温鼓风干燥箱中于 120℃下烘干 6h，以除去原料中的水分以及其他杂质。以固定的化学配比称取原料，并在乙醇介质中研磨，充分混合后将其干燥。

将干燥后的混合粉末在 10MPa 下压制成球团。在空气条件下，将所得压制成型的样品在 1500℃高温条件下烧结 72h 获得致密度较高的样品。将球团切割成约 0.64cm^2(0.8cm×0.8cm)的小片进行辐照实验。

4.2.2　固化体的辐照实验

α辐照实验是在中国科学院近代物理研究所 320kV 高压平台上进行的。在样品表面的正常入射下，采用 0.5MeV He^{2+}对样品进行辐照。辐照剂量为 $1×10^{15}～1×10^{17}$ions/cm^2。辐照实验过程的示意图如图 4.18 所示。

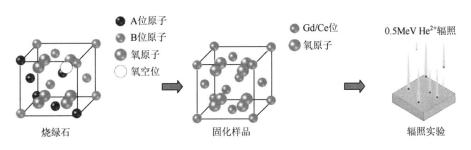

图 4.18　辐照实验过程示意图

重离子辐照实验是在中国科学院近代物理研究所 320kV 高压平台上进行的。在样品表面的垂直入射下，采用 2MeV Xe^{20+}对样品进行辐照。辐照剂量为 $1×10^{13}～1×10^{16}$ions/cm^2。

4.2.3　固化体的 α 辐照效应

采用 X 射线衍射仪(X'Pert PRO，PANalytical B. V.，荷兰)，通过 CuKα 辐射、θ-2θ 几何构型，分析原始和经离子辐照后样品的晶体结构，X 射线掠入射角为 0.5°～3.0°，扫描步长为 0.02°，扫描范围为 10°～90°。在掠入射角分别为 0.5°、0.75°、1.0°、2.0° 和 3.0° 的情况下，采用临界角模型计算相应 X 射线的穿透深度。用拉曼光谱法对辐照后的样品进行表征，表明辐照所引起样品局部结构的键合变化。采用激光拉曼光谱仪(inVia，Renishaw，英国)表征样品的拉曼光谱图。此外，用 SEM(Ultra55，Carl Zeiss AG，德国) 观察辐照样品的微观形貌。采用附在 SEM 设备上的 EDX 分析样品表面元素的分布。

1. 固化体的物相变化

本节采用临界角模型计算 X 射线穿透深度[18, 35]。通过临界角的计算可以得出 X 射线发生全外反射的临界角 α_c。α_c 由以下方程给出：

$$\alpha_c = 1.6×10^{-3} \rho^{1/2} \lambda$$

式中，ρ 为材料密度（$Gd_2Ce_2O_7$ 的密度为 7.043g/cm³）；λ 为 X 射线的波长（1.5406Å）。本节计算出 $\alpha_c = 0.37°$。

当 $\alpha < \alpha_c$ 时，穿透深度由以下公式计算：

$$L = \lambda / [2\pi(\alpha_c^2 - \alpha^2)^{1/2}]$$

当 $\alpha \geqslant \alpha_c$ 时，穿透深度由以下公式计算：

$$L = 2\alpha / \mu$$

式中，μ 为线性衰减系数，$Gd_2Ce_2O_7$ 的计算 μ 值为 2624cm⁻¹。穿透深度的计算值如图 4.19 所示。GIXRD 的掠入射角分别为 0.5°、0.75°、1.0°、2.0° 和 3.0°，相应的 X 射线穿透深度分别为 0.067μm、0.01μm、0.13μm、0.27μm 和 0.40μm。

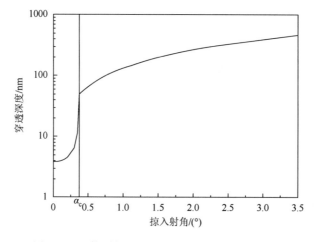

图 4.19　计算所得 $Gd_2Ce_2O_7$ 中 X 射线的穿透深度

图 4.20 为 $Gd_2Ce_2O_7$ 辐照前和经 X 射线掠入射角 $\gamma = 0.5°$ 下、辐照剂量为 $1\times10^{15} \sim$ 1×10^{17}ions/cm² 的 0.5MeV He²⁺辐照后的 GIXRD 图谱。从图中可以看出，原始的 $Gd_2Ce_2O_7$ 表现为单一的萤石结构。众所周知，烧绿石结构的稳定性取决于 A 位和 B 位阳离子的离子半径比（r_A/r_B）。烧绿石的稳定性从 $Gd_2Zr_2O_7$ 的 1.46 增大到 $Sm_2Ti_2O_7$ 的 1.78。对于较小的离子半径比（$r_A/r_B < 1.46$），缺乏阴离子的萤石结构是一个相对稳定的结构；而对离子半径比较大（$r_A/r_B > 1.78$）的情况，单斜结构为稳定的结构[36, 37]。$Gd_2Ce_2O_7$ 的离子半径比（r_A/r_B）为 1.21，因此表现为单一的萤石结构。

经辐照后发现样品的主要晶体结构保持不变，而指数为 $(111)_F$、$(200)_F$、$(220)_F$ 和 $(311)_F$ 的主衍射峰强度随辐照剂量的增加而减小。这说明 $Gd_2Ce_2O_7$ 样品的内部结构紊乱可能是由 α 辐照引起的。较强的辐照会增加样品中的结构紊乱度。另外，从图 4.20 中可以看出随着 He²⁺辐照剂量的增加，主晶格峰向低 2θ 方向移动，表明辐照后样品存在晶胞肿胀。也就是说，晶格参数 a 随 He²⁺辐照剂量的增加而增大。然而，由于所测衍射峰强度太弱，无法用 Pseudo-Voigt 轮廓拟合衍射图来表征更多晶胞肿胀的细节，如晶格参数[38]和体积[39]变化，这些仍有待进一步研究。

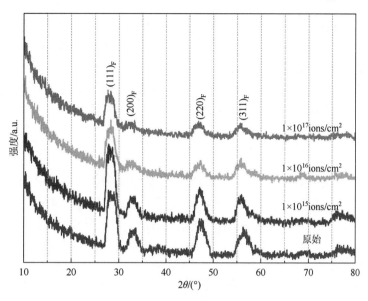

图 4.20　$Gd_2Ce_2O_7$ 固化体经 He^{2+} 辐照后（0.5MeV、$1\times10^{15}\sim1\times10^{17}ions/cm^2$）
所得 GIXRD 曲线（$\gamma=0.5°$）

竖直曲线辅助区分峰位位移

　　为了探讨 X 射线掠入射角对样品辐照效果的影响，图 4.21 为在不同掠入射角 $\gamma=0.5°$、0.75°、1.0°、2.0°和 3.0°时，采用辐照剂量为 $1\times10^{17}ions/cm^2$ 的 0.5MeV He^{2+} 辐照 $Gd_2Ce_2O_7$ 样品所得 GIXRD 图谱。对于 0.5°~1.0°的掠入射角，除 $(111)_F$ 的强度略有增加外，其他基本

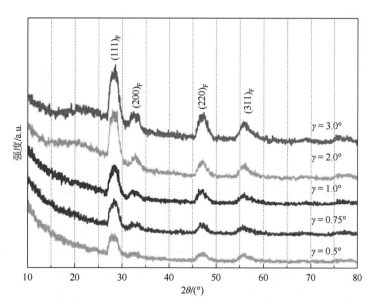

图 4.21　$Gd_2Ce_2O_7$ 固化体经 He^{2+} 辐照后（0.5MeV、$1\times10^{17}ions/cm^2$）所得 GIXRD 曲线
（$\gamma=0.5°\sim3.0°$）

竖直曲线辅助区分峰位位移

无变化。当掠入射角进一步增大到 3.0°时，主衍射峰的强度有所增加。这可以归因于样品中的穿透深度将随着掠入射角的增加而增加(图 4.19)。在较低的掠入射角下，X 射线采集的数据主要来自样品受辐照损伤的浅层表面。当 X 射线在较高的掠入射角下穿透到材料中时，X 射线穿透辐照层，到达未辐照的区域，并将其辐照后的数据收集起来。因此，主衍射峰强度随 X 射线掠入射角的增加而增大。

2. 固化体的微观结构变化

图 4.22 表明了原始 $Gd_2Ce_2O_7$ 样品和经辐照剂量为 $1×10^{15}$~$1×10^{17}$ions/cm^2 的 0.5MeV He^{2+}辐照后样品的拉曼光谱。从图中可以分别在 250cm^{-1}(F_{2g})、400cm^{-1}(F_{2g})、484cm^{-1}(F_{2g})、567cm^{-1}(A_{1g})和 622cm^{-1}(F_{2g})附近观测到有源拉曼振动模式。拉曼光谱呈现为三条较强的谱带。两个主要集中在 400cm^{-1} 和 484cm^{-1} 附近的强谱带为 Ce—O 弯曲振动；另一个在 567cm^{-1} 处较强的谱带归因于 O—Ce—O 伸缩振动[22, 40, 41]；而其他谱带则要微弱得多。这些存在的较强的拉曼振动峰不会受到最大辐照剂量($1×10^{17}$ions/cm^2)的影响，这与之前对原始样品的数据测量结果保持一致[7]。

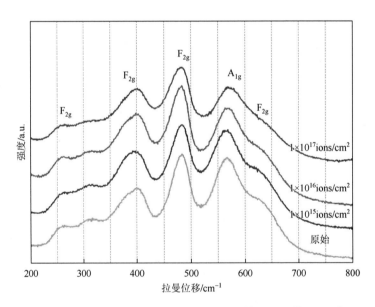

图 4.22　$Gd_2Ce_2O_7$ 固化体经 He^{2+}辐照前后(0.5MeV、$1×10^{15}$~$1×10^{17}$ions/cm^2)所得拉曼光谱图

拉曼光谱对氧极化率和局域配位特别敏感。它更适合于分析烧绿石结构的无序程度，并能区分高度有序和无序的烧绿石结构。因此本节更进一步地分析振动谱带。随着 He^{2+}辐照剂量的增加，主拉曼振动峰变宽，强度减小。峰强的降低现象表明：辐照使这些键发生明显的畸变，最终导致结晶度的降低[42]。另外，在 $1×10^{17}$ions/cm^2 辐照剂量下，622cm^{-1}附近的谱带几乎消失。由此可以推断，辐照导致 $Gd_2Ce_2O_7$ 结晶度的降低。这与所得的 GIXRD 结果保持一致，即 $Gd_2Ce_2O_7$ 样品的内部结构紊乱是由辐照引起的。$Gd_2Ce_2O_7$ 固化体经 He^{2+}辐照机理如图 4.23 所示。

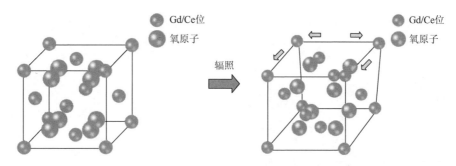

图 4.23 $Gd_2Ce_2O_7$ 固化体经 He^{2+} 辐照机理示意图

3. 固化体的微观形貌变化

图 4.24 为 $Gd_2Ce_2O_7$ 样品在辐照前和经 $1\times10^{17}ions/cm^2$ 的 0.5MeV He^{2+} 辐照后的 SEM 图。如图 4.24(a) 所示，未经辐照的样品表面平坦，致密度好，没有明显的孔隙。平均晶粒尺寸为 2～5μm。经辐照后的样品中出现不规则晶粒，其样品表面光滑 [图 4.24(b)]。即使在 $1\times10^{17}ions/cm^2$ 的辐照剂量下，样品的微观形貌也没有明显的变化。此外，图 4.25 中还显示了典型的 Gd、Ce 和 O 元素在样品中的分布。结果表明，Gd、Ce 和 O 元素在辐照

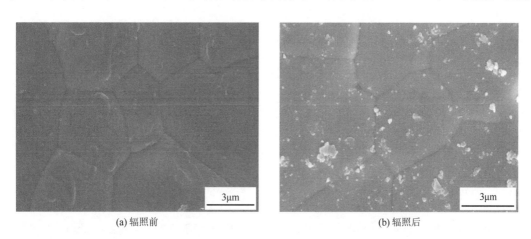

(a) 辐照前   (b) 辐照后

图 4.24 $Gd_2Ce_2O_7$ 固化体经 He^{2+} 辐照前后 (0.5MeV、$1\times10^{17}ions/cm^2$) 所得 SEM 图片

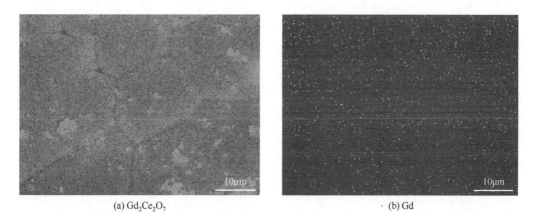

(a) $Gd_2Ce_2O_7$ (b) Gd

(c) Ce　　　　　　　　　　　　　　　　　　(d) O

图 4.25　Gd$_2$Ce$_2$O$_7$ 固化体经 He^{2+} 辐照后 (0.5MeV、1×10^{17}ions/cm^2) 所得 EDX 元素分布图

样品中分布均匀，表明辐照并不会改变 Gd、Ce 和 O 元素在样品表面的分布，同时无元素聚集现象。结合 GIXRD 的结果，SEM-EDX 分析进一步证实了样品是单相的，表明讨论的范围内没有发现新相。

4.2.4　固化体的重离子辐照效应

在 X 射线衍射仪 (BrukerD8，Bruker AXS，德国) 上进行了 XRD 实验，2θ 为 10°～100°。每步的计数时间为 20s。利用 FullProf 软件包，采用 Rietveld 精修法和 LeBall 精修法对 XRD 图谱进行分析[43]。将粉末状样品分散在空心碳铜栅格上制备样品，并利用 TEM 研究离子辐照下的微结构演化。用 SEM (Ultra55，Carl Zeiss AG，德国) 对样品的表面形貌进行表征。

1. 固化体的物相变化

图 4.26 为 Gd$_2$Ce$_2$O$_7$ 样品在 2MeV Xe^{20+} 辐照前后的 XRD 曲线。如图 4.26 所示，非晶态分数随辐照剂量的增加而增加。这与 Li 等[44]报告的结果也是一致的。此外还发现，随着辐照剂量的增加，衍射峰向低角方向移动。这表明经辐照后样品的晶面间距 d 增大。样品经过 2MeV Xe^{20+} 辐照前后，通过计算得出晶胞参数 a 和晶胞体积 V 分别从 0.52636nm 增加到 0.54627nm，从 0.14583nm^3 增加到 0.16301nm^3，详情见表 4.4。图 4.27 为 Gd$_2$Ce$_2$O$_7$ 原始样品 (a) 以及经辐照剂量为 1×10^{16}ions/cm^2 的 2MeV Xe^{20+} 辐照后样品 (b) XRD 曲线的 Rietveld 精修结果。辐照后，XRD 峰宽增大。这也可能是由于粒子尺寸加宽或应变加宽。

2. 固化体的微观形貌变化

图 4.28 为经辐照剂量为 1×10^{16}ions/cm^2 的 2MeV Xe^{20+} 辐照前后 Gd$_2$Ce$_2$O$_7$ 的 HRTEM 图像。如图 4.28 (b) 所示，经 2MeV Xe^{20+} 辐照后，在 HRTEM 中观察到 Gd$_2$Ce$_2$O$_7$ 的某

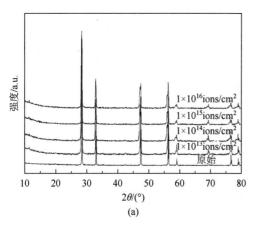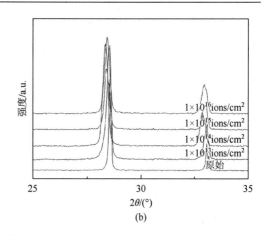

图 4.26　$Gd_2Ce_2O_7$ 样品在辐照前及经 2MeV Xe^{20+} 辐照后的 XRD 曲线(a)以及在 25°~35° 细化范围内的 XRD 曲线(b)

表 4.4　经 2MeV Xe^{20+} 辐照后 $Gd_2Ce_2O_7$ 的晶胞参数 a 及晶胞体积 V 的变化

样品	辐照剂量/(ions/cm²)	相结构	a/nm	α/(°)	V/nm³
PDF01-080-0471	—	萤石	0.52636	90	0.14583
$Gd_2Ce_2O_7$	—	萤石	0.54197	90	0.15919
1	1×10^{13}	萤石	0.52419	90	0.15939
2	1×10^{14}	萤石	0.54300	90	0.16010
3	1×10^{15}	萤石	0.54378	90	0.16079
4	1×10^{16}	萤石	0.54627	90	0.16301

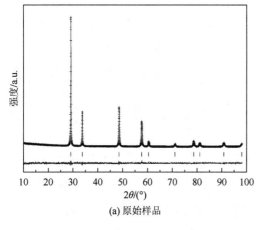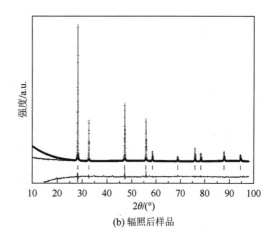

(a) 原始样品　　　　　　　　　　　　　　　(b) 辐照后样品

图 4.27　$Gd_2Ce_2O_7$ 原始样品(a)以及经辐照剂量为 1×10^{16}ions/cm² 的 2MeV Xe^{20+} 辐照后样品(b) XRD 曲线的 Rietveld 精修结果

些晶粒表现为无定形特征。这表明在经辐照剂量为 1×10^{16}ions/cm² 的 2MeV Xe^{20+} 辐照后 $Gd_2Ce_2O_2$ 样品存在部分非晶态现象。

采用 SEM 对不同辐照剂量样品的表面形貌进行表征，以考察其微观形貌的改变和样品的抗辐照性。图 4.29 为 $Gd_2Ce_2O_7$ 样品辐照前与经辐照剂量为 $1\times10^{16}ions/cm^2$ 的 2MeV Xe^{20+} 辐照后样品的 SEM 图片。图 4.29(a) 表明，原始样品的表面较为光滑且平坦，而经 2MeV Xe^{20+} 辐照后，样品表面仅仅表现为相对粗糙，但晶界溶解和孔隙率无明显增加，说明 $Gd_2Ce_2O_7$ 具有较好的抗辐照性。此时样品的密度为 $6.519g/cm^3$，硬度为 $1074kg/mm^2$。比较 Lu 等[45]之前对于 $Gd_2Zr_2O_7$ 系列研究，此时 $Gd_2Ce_2O_7$ 的密度及硬度大于其他 $Gd_2Zr_2O_7$ 的密度($6.310g/cm^3$)及硬度($698.1kg/mm^2$)，因此推测 $Gd_2Ce_2O_7$ 具有较好的抗辐照性。综上所述，得出固化体的辐照稳定性与密度和硬度密切相关这一结论。在其他材料中也发现辐照稳定性与密度和硬度有关，也发现辐照缺陷与材料硬化、断裂韧性有关[26, 27, 46-51]。

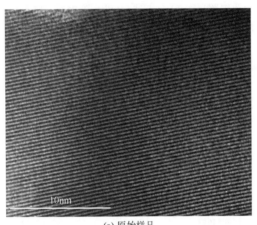
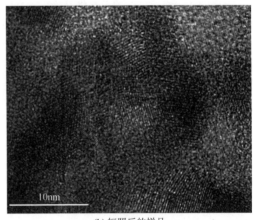

(a) 原始样品　　　　　　　　　　　　　　　　(b) 辐照后的样品

图 4.28　$Gd_2Ce_2O_7$ 固化体经 2MeV Xe^{20+} 辐照前后的 HRTEM 图像

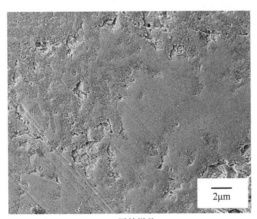

(a) 原始样品　　　　　　　　　　　　　　　　(b) 辐照后的样品

图 4.29　$Gd_2Ce_2O_7$ 固化体经 2MeV Xe^{20+} 辐照前后的 SEM 图像

参 考 文 献

[1]　卢喜瑞, 董发勤, 段涛, 等. 钇锆烧绿石固化锕系核素机理及稳定性[M]. 北京: 科学出版社, 2016: 19-74.

[2] Biersack J P, Ziegler J F. The stopping and range of ions in solids[J]. Ion Implantation Science and Technology, 1984, 1(1): 51-108.

[3] Stoller R E, Toloczko M B, Was G S, et al. On the use of SRIM for computing radiation damage exposure[J]. Nuclear Instruments and Methods in Physics Research Section B: Beam Interactions with Materials and Atoms, 2013, 310: 75-80.

[4] Egeland G W, Valdez J A, Maloy S A, et al. Heavy-ion irradiation defect accumulation in ZrN characterized by TEM, GIXRD, nanoindentation and helium desorption[J]. Journal of Nuclear Materials, 2013, 435(1): 77-87.

[5] Ziegler J F, Biersack J P. The Stopping and Range of Ions in Matter[M]//Bromley D A. Treatise on Heavy-Ion Science. Berlin: Springer, 1985.

[6] Sickafus K E, Grimes R W, Valdez J A, et al. Radiation-induced amorphization resistance and radiation tolerance in structurally related oxides[J]. Nature Materials, 2007, 6(3): 217-223.

[7] Shu X Y, Fan L, Lu X R, et al. Structure and performance evolution of the system $(Gd_{1-x}Nd_x)_2(Zr_{1-y}Ce_y)_2O_7$ $(0 \leqslant x, y \leqslant 1.0)$[J]. Journal of the European Ceramic Society, 2015, 35(11): 3095-3102.

[8] Li Y H, Wen J, Wang Y Q, et al. The irradiation effects of $Gd_2Hf_2O_7$ and $Gd_2Ti_2O_7$[J]. Nuclear Instruments and Methods in Physics Research Section B: Beam Interactions with Materials and Atoms, 2012, 287: 130-134.

[9] Sadezky A, Muckenhuber H, Grothe H, et al. Raman microspectroscopy of soot and related carbonaceous materials: Spectral analysis and structural information[J]. Carbon, 2005, 43(8): 1731-1742.

[10] Mandal B P, Banerji A, Sathe V, et al. Order-disorder transition in $Nd_{2-y}Gd_yZr_2O_7$ pyrochlore solid solution: An X-ray diffraction and Raman spectroscopic study[J]. Journal of Solid State Chemistry, 2007, 180(10): 2643-2648.

[11] Glerup M, Nielsen O F, Poulsen F W. The structural transformation from the pyrochlore structure, $A_2B_2O_7$, to the fluorite structure, AO_2, studied by Raman spectroscopy and defect chemistry modeling[J]. Journal of Solid State Chemistry, 2001, 160(1): 25-32.

[12] Sattonnay G, Thomé L, Monnet I, et al. Effects of electronic energy loss on the behavior of $Nd_2Zr_2O_7$ pyrochlore irradiated with swift heavy ions[J]. Nuclear Instruments and Methods in Physics Research Section B: Beam Interactions with Materials and Atoms, 2012, 286(1): 254-257.

[13] Mandal B P, Garg N D, Sharma S M, et al. Preparation, XRD and raman spectroscopic studies on new compounds $RE_2Hf_2O_7$, (RE = Dy, Ho, Er, Tm, Lu, Y): Pyrochlores or defect-fluorite[J]. Journal of Solid State Chemistry, 2006, 179(7): 1990-1994.

[14] Su S J, Ding Y, Shu X Y, et al. Nd and Ce simultaneous substitution driven structure modifications in $Gd_{2-x}Nd_xZr_{2-y}Ce_yO_7$[J]. Journal of the European Ceramic Society, 2015, 35(6): 1847-1853.

[15] Chen S Z, Shu X Y, Wang L, et al. Effects of alpha irradiation on $Nd_2Zr_2O_7$ matrix for nuclear waste forms[J]. Journal of the Australian Ceramic Society, 2017, 35(8): 65-71.

[16] Sickafus K E. Radiation Tolerance of Complex Oxides[J]. Science, 2000, 289(5480): 748-751.

[17] Patel M K, Vijayakumar V, Avasthi D K, et al. Effect of swift heavy ion irradiation in pyrochlores[J]. Nuclear Instruments and Methods in Physics Research Section B: Beam Interactions with Materials and Atoms, 2008, 266(12/13): 2898-2901.

[18] Rafaja D, Valvoda V, Perry A J, et al. Depth profile of residual stress in metal-ion implanted TiN coatings[J]. Surface and Coatings Technology, 1997, 92(1/2): 135-141.

[19] Weber W J. Models and mechanisms of irradiation-induced amorphization in ceramics[J]. Nuclear Instruments and Methods in Physics Research Section B: Beam Interactions with Materials and Atoms, 2000, 166/167(1): 98-106.

[20] Yang D, Xia Y, Wen J, et al. Role of ion species in radiation effects of $Lu_2Ti_2O_7$ pyrochlore[J]. Journal of Alloys and Compounds, 2017, 693: 565-572.

[21] Sattonnay G, Sellami N, Thomé L, et al. Structural stability of $Nd_2Zr_2O_7$ pyrochlore ion-irradiated in a broad energy range[J]. Acta Materialia, 2013, 61(17): 6492-6505.

[22] Zhao M, Ren X R, Pan W. Mechanical and thermal properties of simultaneously substituted pyrochlore compounds $(Ca_2Nb_2O_7)_x(Gd_2Zr_2O_7)_{1-x}$[J]. Journal of the European Ceramic Society, 2015, 35(1): 1055-1061.

[23] Hess N J, Begg B D, Conradson S D, et al. Spectroscopic investigations of the structural phase transition in $Gd_2(Ti_{1-y}Zr_y)_2O_7$

pyrochlore[J]. Journal of Physical Chemistry B, 2002, 106(18): 4663-4677.

[24]　Jafar M, Phapale S B, Mandal B P, et al. Preparation and structure of uranium-incorporated $Gd_2Zr_2O_7$ compounds and their thermodynamic stabilities under oxidizing and reducing conditions[J]. Inorganic Chemistry, 2015, 54(19): 9447-9457.

[25]　Han Y, Li B S, Wang Z, et al. H-ion irradiation-induced annealing in He-ion implanted 4H-SiC[J]. Chinese Physics Letters, 2017, 34(7): 076101.

[26]　Han Y, Peng J X, Li B S. Lattice disorder produced in GaN by He-ion implantation[J]. Nuclear Instruments and Methods in Physics Research Section B: Beam Interactions with Materials and Atoms, 2017, 406(1): 543-547.

[27]　Liu Y Z, Li B S, Lin H, et al. Recrystallization phase in He-implanted 6H-SiC[J]. Chinese Physics Letters, 2017, 34(7): 160-163.

[28]　Li B S, Wang Z G. Structures and optical properties of H^{2+}implanted GaN epi-layers[J]. Journal of Physics D: Applied Physics, 2015, 48(22): 225-230.

[29]　Li B S, Zhang C H, Zhang H H, et al. Study of the damage produced in 6H-SiC by He irradiation[J]. Vacuum, 2011, 86(4): 452-456.

[30]　Mandal B P, Pandey M, Tyagi A K. $Gd_2Zr_2O_7$ pyrochlore: Potential host matrix for some constituents of thoria based reactor's waste[J]. Journal of Nuclear Materials, 2010, 406(2): 238-243.

[31]　Sattonnay G, Grygiel C, Monnet I, et al. Phenomenological model for the formation of heterogeneous tracks in pyrochlores irradiated with swift heavy ions[J]. Acta Materialia, 2012, 60(1): 22-34.

[32]　Lian J, Weber W J, Jiang W, et al. Radiation induced effects in pyrochlores and nanoscale materials engineering[J]. Nuclear Inst ruments and Methods in Physics Research Section B: Beam Interactions with Materials and Atoms, 2006, 250(1/2): 128-136.

[33]　Lian J, Wang L M, Wang S X, et al. Nanoscale manipulation of pyrochlore: New nanocomposite ionic conductors[J]. Physical Review Letters, 2001, 87(14): 145-150.

[34]　Lang M, Lian J, Zhang J, et al. Single-ion tracks in $Gd_2Zr_{2-x}Ti_xO_7$ pyrochlores irradiated with swift heavy ions[J]. Physical Review B, 2009, 79(22): 1377-1381.

[35]　Hirsch B P. Elements of X-ray diffraction[J]. Physics Bulletin, 1957, 8(7): 237-238.

[36]　Gregg D J, Zhang Y, Middleburgh S C, et al. The incorporation of plutonium in lanthanum zirconate pyrochlore[J]. Journal of Nuclear Materials, 2013, 443(1/3): 444-451.

[37]　Lian J, Helean K B, Kennedy B J, et al. Effect of structure and thermodynamic stability on the response of lanthanide stannate pyrochlores to ion beam irradiation[J]. The Journal of Physical Chemistry B, 2006, 110(5): 2343-2350.

[38]　Lian J, Zhang F X, Peters M T, et al. Ion beam irradiation of lanthanum and thorium-doped yttrium titanates[J]. Journal of Nuclear Materials, 2007, 362(2/3): 438-444.

[39]　Li Y H, Wang Y Q, Valdez J A, et al. Swelling effects in $Y_2Ti_2O_7$ pyrochlore irradiated with 400 keV Ne^{2+}ions[J]. Nuclear Inst ruments and Methods in Physics Research Section B: Beam Interactions with Materials and Atoms, 2012, 274(3): 182-187.

[40]　Poulsen F W, Glerup M, Holtappels P. Structure, Raman spectra and defect chemistry modelling of conductive pyrochlore oxides[J]. Solid State Ionics, 2000, 135(1): 595-602.

[41]　Kong L, Zhang Y, Karatchevtseva I, et al. Synthesis and characterization of $Nd_2Sn_xZr_{2-x}O_7$ pyrochlore ceramics[J]. Ceramics International, 2014, 40(1): 651-657.

[42]　Lang M, Zhang F X, Ewing R C, et al. Structural modifications of $Gd_2Zr_{2-x}Ti_xO_7$ pyrochlore induced by swift heavy ions: Disordering and amorphization[J]. Journal of Materials Research, 2009, 24(4): 1322-1334.

[43]　Rodriguez-Carvajal J. Multi-pattern Rietveld Refinement Program. Fullprof. 2k Version 1.6[M]. Saclay: Laboratiore Léon Brillouin, 2000.

[44]　Li Y H, Wang Y Q, Zhou M, et al. Light ion irradiation effects on stuffed $Lu_2(Ti_{2-x}Lu_x)O_{7-x/2}$ (x = 0, 0.4, 0.67) structures[J]. Nuclear Instruments and Methods in Physics Research Section B: Beam Interactions with Materials and Atoms, 2011, 269(18): 2001-2005.

[45]　Lu X R, Ding Y, Shu X Y, et al. Preparation and heavy-ion irradiation effects of $Gd_2Ce_xZr_{2-x}O_7$ ceramics[J]. Rsc Advances, 2015, 5(79): 64-72.

[46]　Han W T, Li B S. Microstructural defects in He-irradiated polycrystalline a-SiC at 1000℃[J]. Nuclear Material, 2018, 504(1): 161-165.

[47]　Qian G, Lei W S, Niffenegger M, et al. On the temperature independence of statistical model parameters for cleavage fracture in ferritic steels[J]. Philosophical Magazine, 2018, 98(2): 959-1004.

[48]　Qian G, Cao Y, Niffenegger M, et al. Comparison of constraint analyses with global and local approaches under uniaxial and biaxial loadings[J]. European Journal of Mechanics-A/Solids, 2018, 69(1): 135-146.

[49]　Qian G A, Lei W S, Peng L, et al. Statistical assessment of notch toughness against cleavage fracture of ferritic steels[J]. Fatigue and Fracture of Engineering Materials and Structures, 2018, 41(3): 1120-1131.

[50]　Qian G A, Niffenegger M, Sharabi M, et al. Effect of non-uniform reactor cooling on fracture and constraint of a reactor pressure vessel[J]. Fatigue and Fracture of Engineering Materials and Structures, 2018, 41(1): 1559-1575.

[51]　Qian G A, Zhai J, Yu Z, et al. Non-proportional size scaling of strength of concrete in uniaxial and biaxial loading conditions[J]. Fatigue and Fracture of Engineering Materials and Structures, 2018, 41(1): 1733-1745.

第5章　钆锆烧绿石双锕系模拟核素固化体的辐照效应

针对高放废物中较难处理的锕系核素，根据相关研究[1, 2]，选取 Nd^{3+}、Ce^{4+} 分别作为 An^{3+}、An^{4+} 核素的模拟核素，利用高温固相法制备出钆锆烧绿石双模拟核素双位替代固化体，采用 α 与重离子辐照模拟样品自辐照对固化体性能的影响，根据结果对比分析并阐明钆锆烧绿石双锕系模拟核素固化体的辐照效应。

5.1　固化体的配方设计与烧结

作者所在课题组[1, 2]曾对钆锆烧绿石单一 A 位(Gd^{3+})或 B 位(Zr^{4+})为模拟核素替代固化体 $Gd_2Zr_{2-x}Ce_xO_7$($0 \leqslant x \leqslant 2$)、$Gd_{2-x}Nd_xZr_2O_7$($0 \leqslant x \leqslant 2$)的结构性能、物相以及其他相关性能等进行了大量的基础性研究工作。因此本章针对钆锆烧绿石双锕系模拟核素固化体的辐照效应进行研究，采用高温固相法制备 Nd 和 Ce 共掺杂的 $Gd_2Zr_2O_7$ 固化体。实验中所用的 Gd_2O_3、ZrO_2、CeO_2 和 Nd_2O_3 粉末均为 AR 级。在称重之前，将所有的原料粉末置于 120℃条件下预热 3h 来除去可能存在的水分与其他杂质。以合适的比例对样品粉末进行称重、粉碎、充分混合，样品组成及相关参数如表 5.1 所示。混合样品粉末在 10MPa 压力下压制成样品圆片(直径为 12mm，厚度为 1mm)。常压下，以 1500℃保温 72h 获得致密的固化体样品。更多制备细节可参考文献[3]和[4]。最后，将样品加工成 6mm×6mm×1mm 的样品以备使用。

表 5.1　辐照样品的组成及相关参数

样品	原料粉末质量/g				直径/cm	厚度/cm	密度/(g/cm³)
	Gd_2O_3	Nd_2O_3	ZrO_2	CeO_2			
$Gd_2Zr_2O_7$	0.7739	—	0.52611	—	1	0.24	5.85
$Nd_2Ce_2O_7$	—	0.7504	—	0.7677	1	0.25	5.90

5.2　固化体的辐照实验

α 辐照实验在中国科学院近代物理研究所 320kV 高压平台 3 号实验终端完成。真空保持范围为 $10^{-9} \sim 10^{-8}$mbar。首先将制备好的样品切成小块(1.6cm×1.6cm)。采用离子通量为 1.2×10^{13}ions/($cm^2 \cdot s$)的 500keV 的 He^{2+}，以 $1 \times 10^{15} \sim 1 \times 10^{17}$ions/$cm^2$ 的辐照剂量垂直照射样品。

重离子辐照实验也在中国科学院近代物理研究所的 320kV 高压平台 3 号实验终端完成。首先将需测试的样品切割为尺寸约 0.8mm×0.8mm 的块体。选择能量为 2MeV 的

Xe^{20+}开展钆锆烧绿石双锕系模拟核素固化体的辐照实验。详细的辐照时间和辐照剂量见表 5.2。

表 5.2　$Gd_2Zr_2O_7$ 及 $Nd_2Ce_2O_7$ 固化体样品的重离子辐照参数

样品	辐照时间/min	辐照剂量/(ions/cm^2)	位移损伤/dpa
$Gd_2Zr_2O_7$	1	4.08×10^{13}	0.072
	10	4.08×10^{14}	0.717
	100	6.00×10^{15}	10.36
	1000	5.28×10^{16}	91.17
$Nd_2Ce_2O_7$	1	4.08×10^{13}	0.072
	10	4.08×10^{14}	0.717
	100	5.28×10^{15}	10.36
	1000	5.28×10^{16}	91.17

5.3　固化体的 α 辐照效应

为弄清钆锆烧绿石双锕系模拟核素固化体的辐照效应，辐照后的 $(Gd_{1-x}Nd_x)_2$ $(Zr_{1-y}Ce_y)_2O_7(0\leqslant x, y\leqslant1)$ 固化体样品采用 GIXRD、拉曼光谱和 SEM 对其进行表征。GIXRD 使用 X 射线衍射仪（X'Pert PRO，PANalytical B.V.，荷兰），通过 $CuK\alpha$ 辐射和 θ-2θ 几何构型进行测量。掠入射角为 0.5°～3.0°。所有的拉曼光谱都是在激光拉曼光谱仪（InVia，Renishaw，英国）上采集的。用 SEM（Ultra55，Carl Zeiss AG，德国）观察辐照样品的微观结构。

5.3.1　固化体的物相变化

图 5.1 为 $Gd_2Zr_2O_7$、$GdNdZrCeO_7$ 和 $Nd_2Ce_2O_7$ 固化体经 500keV He^{2+}，以辐照剂量 $1\times10^{17}ions/cm^2$、掠入射角 0.5°下辐照的 GIXRD 图。文献[3]～[6]指出 $Gd_2Zr_2O_7$ 呈有序的烧绿石结构。然而，在图 5.1 中，$Gd_2Zr_2O_7$ 在辐照后呈现为具有缺陷的萤石结构。这表明 He^{2+} 辐照导致 $Gd_2Zr_2O_7$ 中发生了从烧绿石结构向萤石结构的相转变。此外，$Nd_2Ce_2O_7$ 的主衍射峰强度高于 $GdNdZrCeO_7$ 和 $Gd_2Zr_2O_7$，表明随着 Nd 和 Ce 含量的增加，样品的辐照稳定性增强。这与 A 位和 B 位阳离子半径比相近的烧绿石具有较强的抗辐照性一致[7-9]。Nd 和 Ce 共掺杂的 $Gd_2Zr_2O_7$ 的离子半径比从 1.46（$Gd_2Zr_2O_7$）变化到 1.276（$Nd_2Ce_2O_7$），这个结果表明随着 Nd 和 Ce 含量的增加，样品的辐照稳定性变好。

如之前所述，在 $(Gd_{1-x}Nd_x)_2(Zr_{1-y}Ce_y)_2O_7(0\leqslant x, y\leqslant1)$ 系列固化体中，$Nd_2Ce_2O_7$ 的固溶度最大，其性能可以代表样品中固溶度较低的其他固化体。因此，对于 $Nd_2Ce_2O_7$ 固化体的进一步分析是很有必要的。图 5.2 为原始 $Nd_2Ce_2O_7$ 固化体以及经辐照剂量为 1×10^{15}～$1\times10^{17}ions/cm^2$ 的 500keV He^{2+} 辐照后所得 GIXRD 曲线。从图 5.2 中可以观察到，$Nd_2Ce_2O_7$

固化体显示(111)、(200)、(220)和(311)衍射峰,从而表现为具有缺陷的萤石结构。这主要是由 $Nd_2Ce_2O_7$ 固化体的离子半径比(1.27)所决定的,其离子半径比不在烧绿石结构的范围内(1.46~1.78)[10]。从图中还可以发现:原始样品的衍射峰清晰,表明样品具有较高的结晶度。而随着辐照剂量的增加,最高主衍射峰强度降低,衍射峰稍微展宽。结果表明,随着辐照剂量的增加,固化体的结晶度降低。尤其在较高的辐照剂量下,固化体样品的损伤较大。

在辐照过程中,固化体的辐照损伤程度与离子穿透深度具有关联性[11]。为了研究钆锆烧绿石双锕系模拟核素固化体样品中的辐照效应随离子穿透深度的变化,采用 GIXRD 对经不同掠入射角下辐照后的样品进行表征。图 5.3 为经 500keV He^{2+} 辐照 $Nd_2Ce_2O_7$ 样品后得到的 GIXRD 曲线,辐照剂量为 1×10^{17} ions/cm^2,掠入射角为 0.5°~3.0°。在图 5.3 中可以观察到,随着 He^{2+} 辐照掠入射角的增加,固化体的主衍射峰的强度增强。这一结果主要由辐照损伤信号和 GIXRD 信号两方面造成。随着辐照掠入射角的增大,射线穿透深度增加,从而能够穿过损伤层,检测到基底层信号。此外,在特定的能量密度范围内,He^{2+} 的辐照损伤不是恒定的。当射线辐照掠入射角为 3.0°时,在 $2\theta \approx 22.5°$处出现一个较小的宽峰,这可能是由局部辐照损伤引起的非晶衍射峰。但是,一般情况下,在较高的掠入射角下,辐照射线可以检测到非辐照区域的信号。为了验证这一点,利用 SRIM 软件对 500keV He^{2+} 在 $Nd_2Ce_2O_7$ 靶中的损伤分布进行了蒙特卡罗模拟,实验利用 1×10^{15}~1×10^{17}ions/cm^2 的辐照剂量[3, 12],图 5.4 为 $Nd_2Ce_2O_7$ 靶中 He^{2+} 被俘获的深度分布图。可以看出,大部分原子点缺陷被预测为位于表面以下 1.41μm 处。图 5.4 还表明,在辐照损伤层低于 1.41μm 时,辐照损伤峰位于 1.3μm。表 5.3 列出了 $Nd_2Ce_2O_7$ 固化体经 0.5MeV He^{2+} 辐照后的辐照参数,辐照剂量为 1×10^{15}~1×10^{17}ions/cm^2,辐照温度为室温。

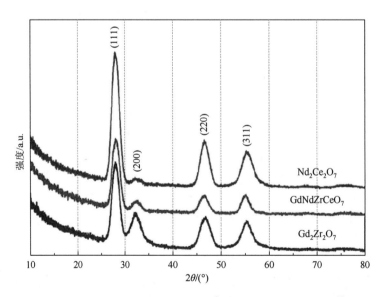

图 5.1　$Gd_2Zr_2O_7$、$GdNdZrCeO_7$ 和 $Nd_2Ce_2O_7$ 固化体经 He^{2+} 辐照后(500keV、1×10^{17}ions/cm^2)所得 GIXRD 曲线($\gamma = 0.5°$)

竖直曲线辅助区分峰位位移

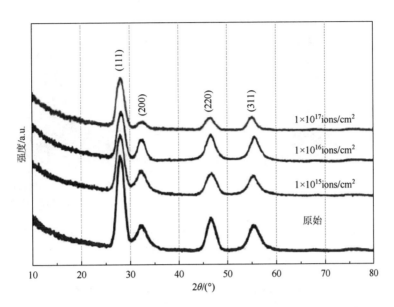

图 5.2　$Nd_2Ce_2O_7$ 固化体经 He^{2+} 辐照前后（500keV、$1 \times 10^{15} \sim 1 \times 10^{17}$ions/cm²）所得 GIXRD
曲线（$\gamma = 0.5°$）

竖直曲线辅助区分峰位位移

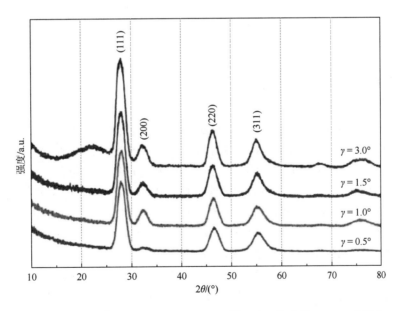

图 5.3　$Nd_2Ce_2O_7$ 固化体经 He^{2+} 辐照后（500keV、1×10^{17}ions/cm²）所得 GIXRD 曲线（$\gamma = 0.5° \sim 3.0°$）

竖直曲线辅助区分峰位位移

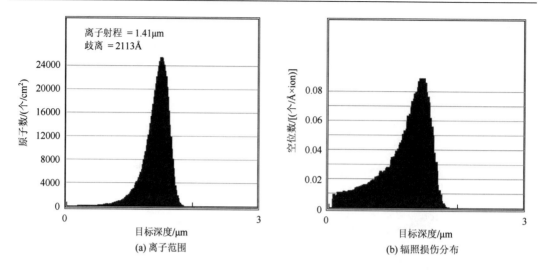

图 5.4   SRIM 模拟 $(Gd_{1-4x}U_{2x})_2(Zr_{1-x}U_x)_2O_7 (x = 0.10)$ 固化体经 He^{2+} 辐照后 $(500keV、1×10^{17}ions/cm^2)$ 的离子范围和辐照损伤分布图

表 5.3 $Nd_2Ce_2O_7$ 固化体受 He^{2+} 辐照的相关参数

离子种类	离子射程/μm	位移损伤/dpa	辐照剂量/(ions/cm²)
		0.015	$1×10^{15}$
0.5MeV He^{2+}	1.41	0.155	$1×10^{16}$
		1.549	$1×10^{17}$

5.3.2   固化体的微观结构变化

通过检测拉曼特征峰强度的变化，用拉曼光谱分析辐照前后 $Nd_2Ce_2O_7$ 的组成。图 5.5 为 $100\sim1000cm^{-1}$ 的 $Nd_2Ce_2O_7$ 拉曼光谱图。从图 5.5 中可以看出，$324cm^{-1}(E_g)$、$399cm^{-1}(F_{2g})$、$562cm^{-1}(A_{1g})$ 和 $638cm^{-1}(F_{2g})$ 处的峰通常是典型的高度无序结构。表 5.4 列出了在 $1×10^{15}\sim1×10^{17}ions/cm^2$ 的辐照剂量下辐照前后 $Nd_2Ce_2O_7$ 样品的拉曼频率和分配[13]。总体来说，每种典型的光谱在照射前后几乎保持相同，这意味着 $Nd_2Ce_2O_7$ 保持了萤石结构，在辐照后没有发生相变。从图 5.5 中可观察到，在所考虑的组成范围内，四个 F_{2g} 振动模式（$257cm^{-1}$、$399cm^{-1}$、$475cm^{-1}$ 和 $638cm^{-1}$）几乎保持不变。该结果表明其归属于刚性 B—O 振动，并显示该基质中的单个 F_{2g} 振动模式，即采用 $1×10^{17}ions/cm^2$ 的辐照剂量照射使得 B 位的 Zr 被 Ce 替代[14]。此外，可以看出，A_{1g} 振动模式（约 $562cm^{-1}$）的强度始终保持最高强度。这可能是因为 75%的势能分配 O—Ce—O 弯曲振动。即使在高辐照剂量条件下，O—Ce—O 键也较强[15, 16]。即使在 $1×10^{17}ions/cm^2$ 的最大辐照剂量下，其基本拉曼特征峰也几乎没有变化，这些结果表明 $Nd_2Ce_2O_7$ 具有很强的抗辐照性。

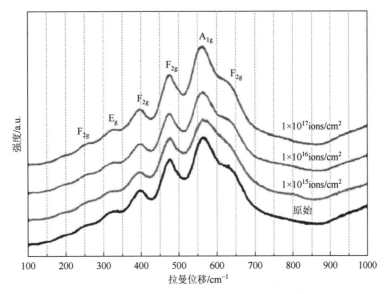

图 5.5　$Nd_2Ce_2O_7$ 固化体经 He^{2+} 辐照前后（500keV、$1\times10^{15}\sim1\times10^{17}$ions/cm^2）所得拉曼光谱图

表 5.4　$Nd_2Ce_2O_7$ 固化体经 He^{2+} 辐照前后（500keV、$1\times10^{15}\sim1\times10^{17}$ions/cm^2）所得样品的拉曼
频率和分配

分配	原始样品拉曼频率/cm^{-1}	辐照样品拉曼频率/cm^{-1}		
		1×10^{15}ions/cm^2	1×10^{16}ions/cm^2	1×10^{17}ions/cm^2
F_{2g}	257	257	256	258
E_g	324	323	324	323
F_{2g}	399	396	395	396
F_{2g}	475	475	477	476
A_{1g}	562	563	564	563
F_{2g}	638	642	640	640

5.3.3　固化体的微观形貌变化

采用 SEM 对辐照前后 $Nd_2Ce_2O_7$ 固化体的微观形貌进行表征，如图 5.6 所示。在图 5.6(a)

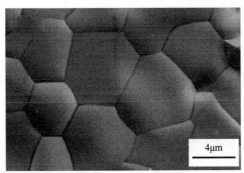

(a) 原始样品

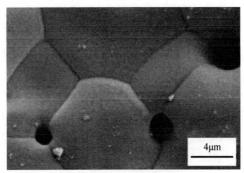

(b) 1×10^{15}ions/cm^2

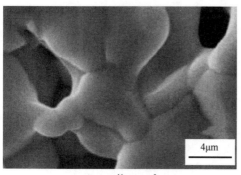 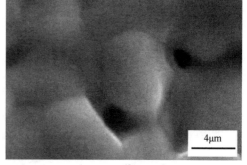

(c) $1×10^{16}$ions/cm^2　　　　　　　　　　　　　　　(d) $1×10^{17}$ions/cm^2

图 5.6　$Nd_2Ce_2O_7$ 固化体经 He^{2+}辐照前后（500keV、$1×10^{15}$～$1×10^{17}$ions/cm^2）所得微观形貌图

中可以看出，$Nd_2Ce_2O_7$ 固化体的表面平坦且光滑，表面形貌为圆形，晶界清晰，晶粒尺寸在 3～6mm。$Nd_2Ce_2O_7$ 固化体经 He^{2+}辐照后，在 $Nd_2Ce_2O_7$ 的表面上可以观察到少量的孔隙［图 5.6(b)～(d)］。此外，随着辐照剂量的增加，晶界变得模糊。结合 SEM 和 GIXRD 分析结果，固化体中未形成新相。这也说明了 $Gd_2Zr_2O_7$ 在 Gd 和 Zr 位点固定化的模拟放射性核素同时在辐照稳定性方面表现出良好的性能。

5.4　固化体的重离子辐照效应

采用工作功率为 2.2kW 的 X 射线衍射仪（X'PertPRO，PANnalytical B.V.，荷兰）表征原始样品以及经重离子辐照后样品的晶相结构（激光波长 $\lambda = 1.5406$Å）。数据收集 2θ 为 10°～100°，扫描速率为 2°/min。利用配备氩离子激光（$\lambda = 785$nm）的激光拉曼光谱仪（inVia，Renishaw，英国）采集拉曼光谱。使用 TEM（Libra200FE，Carl Zeiss AG，德国）观察样品的显微结构。

5.4.1　固化体的物相变化

图 5.7 为 $Gd_2Zr_2O_7$ 的 XRD 分析，可以看出在高辐照剂量下样品的 XRD 峰轻微变宽并且向低 2θ 方向偏移。$2\theta = 14°(111)$、$28°(311)$、$37°(331)$、$51°(531)$ 的烧绿石结构的超晶格峰在受到辐照后明显减弱甚至消失。这表明在重离子的辐照影响下部分 $Gd_2Zr_2O_7$ 固化体已经由烧绿石结构转变为萤石结构。图 5.8 为 $Nd_2Ce_2O_7$ 的 XRD 分析，结果表明在辐照后的 $Nd_2Ce_2O_7$ 固化体保持单一的萤石结构，并且 XRD 峰的宽度随辐照剂量（用位移损伤表示，下同）的增强而增大，峰位向低 2θ 方向略微偏移。

采用 Jade 软件计算辐照前后化合物的晶面间距 d[17]，计算结果如表 5.5 所示。随着辐照剂量的增加，可清晰地观察到晶面间距有所增加。在辐照剂量为 0.072～10.36dpa 时，$Gd_2Zr_2O_7$ 在（222）位置的 d 值基本保持不变。但是在辐照剂量接近 91.17dpa 时，$Gd_2Zr_2O_7$ 中的 d 值明显增加。$Nd_2Ce_2O_7$ 中 d 值也是在最大辐照剂量下达到最大值，这与 XRD 的结果保持一致。

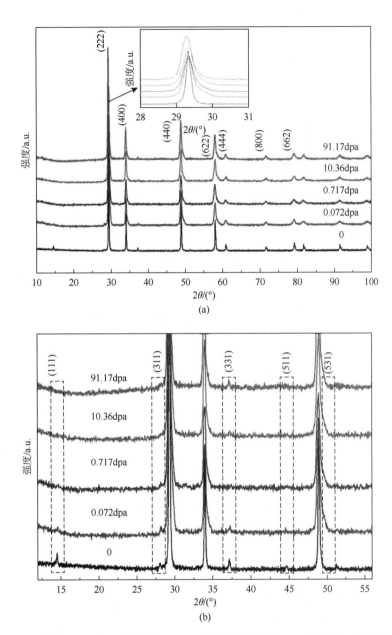

图 5.7　$Gd_2Zr_2O_7$ 固化体经不同辐照剂量的 2MeV Xe^{20+} 辐照后所得 XRD 曲线(a)，插入图是衍射峰(222)
的放大图，以及为了更好地观察烧绿石中的超晶格峰，特别采用部分放大处理(b)

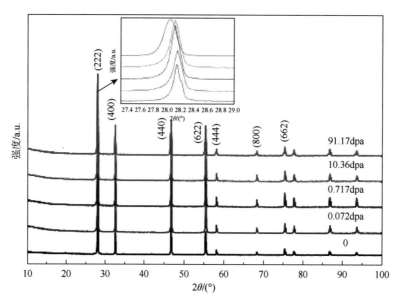

图 5.8 Nd₂Ce₂O₇ 固化体经不同辐照剂量的 2MeV Xe²⁰⁺ 辐照后所得 XRD 曲线

2θ 偏移主要集中在衍射峰 (222)

表 5.5 Gd₂Zr₂O₇ 和 Nd₂Ce₂O₇ 样品辐照前后的晶面间距 d （单位：Å）

样品	衍射峰	0	0.072dpa	0.717dpa	10.36dpa	91.17dpa
Gd₂Zr₂O₇	(222)	3.0420	3.0426	3.0427	3.0427	3.0462
	(400)	2.6346	2.6340	2.6317	2.6318	2.6366
	(440)	1.8621	1.8518	1.8618	1.8595	1.8629
	(622)	1.5885	1.5879	1.5904	1.5870	1.5887
Nd₂Ce₂O₇	(222)	3.1675	3.1664	3.1703	3.1703	3.1778
	(400)	2.7435	2.7416	2.7444	2.7442	2.7499
	(440)	1.9402	1.9393	1.9407	1.9406	1.9421
	(622)	1.6546	1.5953	1.6553	1.6546	1.6562

采用基于 XRD 图谱的 FullProf 软件进行结构精修过程。改进后的数据（表 5.6）表明，Gd₂Zr₂O₇ 和 Nd₂Ce₂O₇ 在辐照过程中都存在晶格膨胀，因为晶胞参数 (a) 和晶胞体积 (V) 随着辐照剂量的增加而逐渐增大。晶格膨胀率 (R_s) 用体积变化来表示，其计算公式如下[18]：

$$R_s = \frac{V_i - V_0}{V_0} \times 100\%$$

式中，V_i 为与不同辐照剂量相对应的精修晶胞体积，nm³；V_0 为原样品的精修晶胞体积，nm³。计算出的晶格膨胀率与辐照剂量的函数拟合结果如图 5.9 所示。

表 5.6　Gd$_2$Zr$_2$O$_7$ 和 Nd$_2$Ce$_2$O$_7$ 样品辐照前后的晶胞参数(a)和晶胞体积(V)

	样品	位移损伤/dpa	a/nm	α/(°)	V/nm^3
	PDF00-016-0799	—	1.05010(0)	90	1.15796(0)
	空白	0	1.05329(1)	90	1.16854(4)
	1	0.072	1.05327(3)	90	1.6847(3)
Gd$_2$Zr$_2$O$_7$	2	0.717	1.05334(4)	90	1.6871(6)
	3	10.36	1.05336(2)	90	1.6877(2)
	4	91.17	1.05446(7)	90	1.17244(7)
	PDF01-080-0471	—	0.52636(0)	90	0.14583(0)
	空白	0	0.54845(4)	90	0.16497(9)
	1	0.072	0.54855(6)	90	0.16506(4)
Nd$_2$Ce$_2$O$_7$	2	0.717	0.54866(8)	90	0.16516(5)
	3	10.36	0.54883(3)	90	0.16532(7)
	4	91.17	0.54904(1)	90	0.16551(8)

注：小括号内数值表示误差。

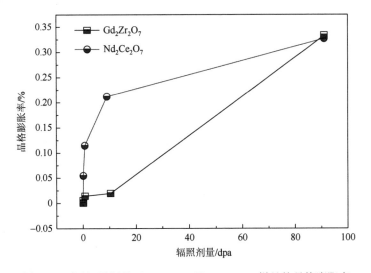

图 5.9　不同辐照剂量下 Gd$_2$Zr$_2$O$_7$ 及 Nd$_2$Ce$_2$O$_7$ 样品的晶格膨胀率

　　辐照所引起的晶格膨胀在 Nd$_2$Ce$_2$O$_7$ 中表现得更为明显，这是因为它具有更小的阳离子半径比（$r_{Nd^{3+}}/r_{Ce^{4+}}=1.28$，$r_{Gd^{3+}}/r_{Zr^{4+}}=1.46$）。在阳离子半径比较小的 Nd$_2Ce_2O_7$ 中，A 位阳离子半径（$r_{Nd^{3+}}$）接近 B 位阳离子半径（$r_{Ce^{4+}}$），而反位阳离子缺陷（$A_A+B_B\longrightarrow A'_B+B'_A$）的形成能较低[19]。更多的反位阳离子缺陷会导致结构存在更明显的晶格膨胀。此外，其他类型的缺陷（如间隙原子和空位）也由反位阳离子缺陷造成。随着缺陷数量的增加和缺陷类型的增加，体积膨胀也更明显。特别是对于烧绿石结构的 Gd$_2$Zr$_2$O$_7$，更多的阴离子 Frenkel 缺陷是由产生的反位阳离子缺陷造成的[20]，其中 A 位阳离子为 8 配位，B 位阳离子处于 6 配位。但是，这对于 $Nd_2Ce_2O_7$ 是不可能存在的，因为它具有萤石结构，所有的阳离子都是 8 配位的。这可能也是 $Gd_2Zr_2O_7$ 随着辐照剂量的增加而晶格膨胀的原因。

5.4.2 固化体的微观结构变化

图 5.10(a) 和图 5.11(a) 分别给出了对应于不同辐照剂量的 $Gd_2Zr_2O_7$ 和 $Nd_2Ce_2O_7$ 的拉曼光谱。这两种固化体在原始状态下便显示出不同的拉曼振动模式。如图 5.10 所示，原始 $Gd_2Zr_2O_7$ 显示六个理论拉曼振动模式中的四个[13]，而 $Nd_2Ce_2O_7$ 显示六个拉曼振动模式，这与 Shu 等[4]研究报道的缺陷萤石体系所具有复杂拉曼振动模式一致。此外，这种复杂的 $Nd_2Ce_2O_7$ 拉曼振动模式与文献中报道的缺陷萤石结构相似[21,22]。在经过 2MeV Xe^{20+} 辐照后，两种拉曼光谱中的主振动峰强度均降低，但降低趋势略微不同。根据 PeakFit 程序的分峰拟合结果，几个主要的拉曼振动峰强随辐照剂量的变化分别如图 5.10(b) 和图 5.11(b) 所示。对于 $Gd_2Zr_2O_7$，辐照剂量接近 0.072dpa 时，拉曼振动峰强急剧下降，之后随着辐照剂量进一步增强，拉曼振动峰强保持相对稳定。$Nd_2Ce_2O_7$ 拉曼振动峰强则随着辐照剂量的增加而逐渐降低。

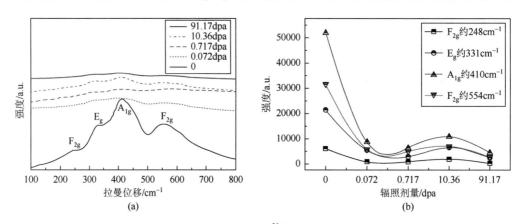

图 5.10　$Gd_2Zr_2O_7$ 固化体经不同辐照剂量的 2MeV Xe^{20+} 辐照后所得拉曼光谱图(a)，以及不同辐照剂量下的拉曼振动峰强变化(b)

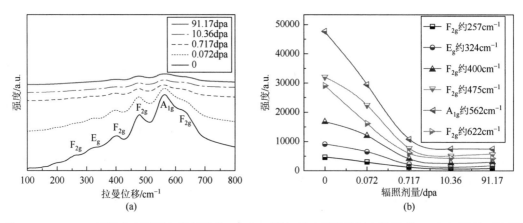

图 5.11　$Nd_2Ce_2O_7$ 固化体经不同辐照剂量的 2MeV Xe^{20+} 辐照后所得拉曼光谱图(a)，以及不同辐照剂量下的拉曼振动峰强变化(b)

众所周知，$Gd_2Zr_2O_7$ 具备良好的辐照稳定性，在其初始阶段对拉曼敏感响应可能是由内部发生有序到无序（即 P→F）转变引起的。Mandal 等[14]发现，当 $Nd_{2-y}Gd_yZr_2O_7$ 系统从有序到无序转变时，强拉曼振动峰出现明显的宽化并逐渐消失。在本次实验中，$Gd_2Zr_2O_7$ 的拉曼强度在初始阶段突然下降，这在所有振动模式中均可被观察到，这也可能与类似的有序到无序的转变有关。此外，该有序到无序的关键转折点可能在 0～0.717dpa。在此阶段之后 $Gd_2Zr_2O_7$ 的拉曼振动模式相对稳定。另外，$Nd_2Ce_2O_7$ 的破坏则可能是由缺陷逐渐积累而造成的。两种化合物的这种差异与 XRD 结果一致。

5.4.3　固化体的微观形貌变化

图 5.12 给出了辐照前的 $Gd_2Zr_2O_7$ 及经最大辐照剂量（91.17dpa）辐照所得样品的 TEM 照片和 SAED 图片。从图 5.12（a）可以观察到辐照前 $Gd_2Zr_2O_7$ 中的原子呈规则的层状排列。在 SAED 图［图 5.12（b）］中也可以清楚地观察到与超晶格结构相关的衍射斑点。经 91.17dpa 的辐照剂量辐照后，可观察到区域边缘处的原子变得松散且无序［图 5.12（c）］。此外，SAED 图［图 5.12（d）］呈现出多晶的衍射图样。这与 XRD 的结果以及文献[23]的结论是一致的，即出现 Zr 富集的主要原因是经辐照后，样品结构从有序转变到无序且具有缺陷的萤石结构。

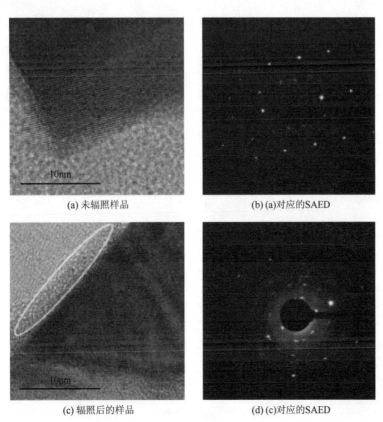

(a) 未辐照样品　　　　　　　　　(b) (a)对应的SAED

(c) 辐照后的样品　　　　　　　　(d) (c)对应的SAED

图 5.12　$Gd_2Zr_2O_7$ 的 TEM 照片及 SAED 图片

　　TEM 分析显示经重离子辐照后，$Nd_2Ce_2O_7$ 固化体的辐照表面出现明显的非晶化。如图 5.13 所示，经 Xe^{20+} 辐照后 $Nd_2Ce_2O_7$ 内部呈现出 2 种结构，在损伤区域，原子结构完全无序化（A 区域）；而未损伤区域则具有规则的原子排布（B 区域）。从快速傅里叶变换（fast Fourier transform，FFT）中也可看出，损伤区域具有典型的非晶特征，未损伤区域则具有明显的晶体特征。这种辐照效应的差异与锆酸盐烧绿石通常对辐照诱导的非晶化有抗性的观点相一致[24]。两种化合物之间明显不同的辐照行为与两者不同的化学组成有很大关系，从而影响其阳离子电子构型和化学键。与 Zr—O 键相比，稀土元素（Gd、Nd 和 Ce）和氧之间的键合通常较弱[25]，在辐照的过程中更易于断开。这也可能是 $Nd_2Ce_2O_7$ 比 $Gd_2Zr_2O_7$ 在辐照后更容易产生非晶化的原因。

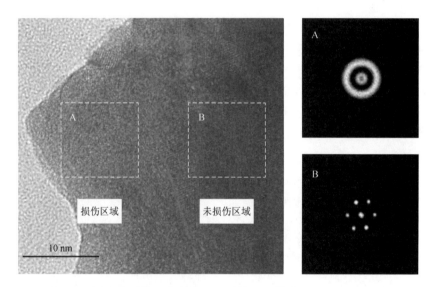

图 5.13　$Nd_2Ce_2O_7$ 的 TEM 图片

左图中的虚线将观察区域分隔为损伤区域 A 和未损伤区域 B，右侧为对应区域的 FFT 图片

参 考 文 献

[1]　侯晨曦, 谢忆, 舒小艳, 等. 钆锆烧绿石的高温固相法制备及工艺影响研究[J]. 武汉理工大学学报, 2017, 12(4): 10-16.

[2]　宁明杰, 董发勤, 张宝述, 等. $Gd_2Zr_{2-x}Ce_xO_7$(0.0≤x≤2.0) 的制备与表征[J]. 原子能科学技术, 2013, 47(2): 121-128.

[3]　Su S J, Ding Y, Shu X Y, et al. Nd and Ce simultaneous substitution driven structure modifications in $Gd_{2-x}Nd_xZr_{2-y}Ce_yO_7$[J]. Journal of the European Ceramic Society, 2015, 35(6): 1847-1853.

[4]　Shu X Y, Fan L, Lu X R, et al. Structure and performance evolution of the system $(Gd_{1-x}Nd_x)_2(Zr_{1-y}Ce_y)_2O_7$(0≤x, y≤1.0)[J]. Journal of the European Ceramic Society, 2015, 35(11): 3095-3102.

[5]　Lu X R, Fan L, Shu X Y, et al. Phase evolution and chemical durability of Co-doped $Gd_2Zr_2O_7$ ceramics for nuclear waste forms[J]. Ceramic International, 2015, 41(5): 6344-6349.

[6]　Taylor C A, Patel M K, Aguiar J A, et al. Bubble formation and lattice parameter changes resulting from He irradiation of defect-fluorite $Gd_2Zr_2O_7$[J]. Acta Materialia, 2016, 48(2): 115-118.

[7]　Sickafus K E, Grimes R W, Valdez J A, et al. Radiation-induced amorphization resistance and radiation tolerance in structurally related oxides[J]. Nature Materials, 2007, 6(3): 217-220.

[8]　Li Y H, Wang Y Q, Xu C P, et al. Microstructural evolution of the pyrochlore compound $Er_2Ti_2O_7$ induced by light ion irradiations[J]. Nuclear Instruments and Methods in Physics Research Section B: Beam Interactions with Materials and Atoms, 2012, 286(4): 210-218.

[9]　Sattonnay G, Sellami N, Thom E L, et al. Structural stability of $Nd_2Zr_2O_2$ pyrochlore ion-irradiated in a broad energy range[J]. Acta Materialia, 2013, 61(17): 6492-6505.

[10]　Shu X Y, Lu X R, Fan L, et al. Design and fabrication of $Gd_2Zr_2O_7$ based waste forms for U_3O_8 immobilization in high capacity[J]. Journal of Materials Science-Materials in Electronics, 2016, 51(11): 5278-5281.

[11]　Hu Q, Zeng J, Lan W, et al. Helium ion irradiation effects on neodymium and cerium Co-doped $Gd_2Zr_2O_7$ pyrochlore ceramic[J]. Journal of Rare Earths, 2018, 36(4): 18-25.

[12]　Lu X R, Ding Y, Shu X Y, et al. Preparation and heavy-ion irradiation effects of $Gd_2Ce_xZr_{2-x}O_7$ ceramics[J]. Rsc Advances, 2015, 5(79): 635-642.

[13]　Kong L, Karatchevtseva I, Gregg D J, et al. $Gd_2Zr_2O_7$, and $Nd_2Zr_2O_7$, pyrochlore prepared by aqueous chemical synthesis[J]. Journal of the European Ceramic Society, 2013, 33(15/16): 3273-3285.

[14]　Mandal B P, Banerji A, Sathe V, et al. Order-disorder transition in $Nd_{2-y}Gd_yZr_2O_7$ pyrochlore solid solution: An X-ray diffraction and Raman spectroscopic study[J]. Journal of Solid State Chemistry, 2007, 180(10): 2643-2648.

[15]　Lian J, Wang L, Chen J, et al. The order-disorder transition in ion-irradiated pyrochlore[J]. Acta Materialia, 2003, 51(5): 1493-1502.

[16]　Minervini L, Grimes R W, Sickafus K E. Disorder in pyrochlore oxides[J]. Journal of the European Ceramic Society, 2010, 83(8): 1868-1873.

[17]　Liu J, Meng J P, Liang J S, et al. Effect of far infrared radiation ceramics containing rare earth additives on surface tension of water[J]. Journal of Rare Earths, 2014, 32(9): 890-894.

[18]　Patwe S J, Ambekar B R, Tyagi A K, et al. Synthesis, characterization and lattice thermal expansion of some compounds in the system $Gd_2Ce_xZr_{2-x}O_7$[J]. Journal of Alloys and Compounds, 2005, 389: 243-246.

[19]　Sickafus K E, Minervini L, Grimes R W, et al. Radiation tolerance of complex oxides[J]. Science, 2000, 289(5480): 748-751.

[20]　Purton J A, Allan N L. Displacement cascades in $Gd_2Ti_2O_7$ and $Gd_2Zr_2O_7$: A molecular dynamics study[J]. Journal of Materials Chemistry, 2002, 12(10): 2923-2926.

[21]　Kong L, Zhang Z, Reyes M, et al. Soft chemical synthesis and structural characterization of $Y_2Hf_xTi_{2-x}O_7$[J]. Ceramics International, 2014, 41(1): 5309-5317.

[22]　Glerup M, Nielsen O F, Poulsen F W. The structural transformation from the pyrochlore structure, $A_2B_2O_7$, to the fluorite structure, AO_2, studied by Raman spectroscopy and defect chemistry modeling[J]. Journal of Solid State Chemistry, 2001, 160(1): 25-32.

[23]　Lang M, Zhang F, Zhang J, et al. Review of $A_2B_2O_7$ pyrochlore response to irradiation and pressure[J]. Nuclear Instruments and Methods in Physics Research Section B: Beam Interactions with Materials and Atoms, 2010, 268(19): 2951-2959.

[24]　Lian J, Weber W J, Jiang W, et al. Radiation-induced effects in pyrochlores and nanoscale materials engineering[J]. Nuclear Instruments and Methods in Physics Research Section B: Beam Interactions with Materials and Atoms, 2006, 250(1): 128-136.

[25]　Kingery W D, Bowen H K, Uhlmann D R. Introduction to Ceramics[M]. 2nd ed. Kyoto: Springer Japan, 1976.

第6章 钆锆烧绿石模拟 TRPO 废物固化体的辐照效应

卢喜瑞等[1]前期开展钆锆烧绿石模拟多核素固化体的制备，并对所制备的固化体样品进行表征，弄清钆锆烧绿石模拟三烷基膦氧化物(TRPO)废物的固化机理。但关于钆锆烧绿石模拟 TRPO 废物固化体辐照效应的研究报道较少。因此，在此基础上，本章将设计并制备出多锕系模拟核素的钆锆烧绿石固化体(模拟 TRPO-1 废物和模拟 TRPO-2 废物)，并对固化体展开 α 及重离子辐照实验，从而对钆锆烧绿石模拟 TRPO 废物固化体相关的辐照参数以及辐照效应等提供更加全面的参考依据。

6.1 钆锆烧绿石模拟 TRPO-1 废物固化体的辐照效应

6.1.1 模拟 TRPO-1 废物组成及特点

模拟 TRPO-1 废物(由清华大学提供)作为多元混合氧化物废物固化在 $Gd_2Zr_2O_7$ 陶瓷固化基材中，模拟 TRPO-1 废物含有 11 种化合物，包括 Y_2O_3、MoO_3、RuO_2、PdO、La_2O_3、CeO_2、Pr_6O_{11}、Nd_2O_3、Sm_2O_3、Eu_2O_3 和 Gd_2O_3。每种组分在模拟 TRPO-1 废物中的含量及在 $Gd_2Zr_2O_7$ 固化体中所取代的位置都在表 6.1 中列出。

表 6.1 模拟 TRPO-1 废物中各组分含量及在 $Gd_2Zr_2O_7$ 固化体中阳离子占位情况

氧化物	含量(质量分数)/%	阳离子占位	氧化物	含量(质量分数)/%	阳离子占位
Y_2O_3	3.80	Gd($16c$)位置	Nd_2O_3	32.49	Gd($16c$)位置
MoO_3	11.64	Gd($16c$)位置	Sm_2O_3	5.90	Gd($16c$)位置
RuO_2	2.27	Zr($16d$)位置	Eu_2O_3	1.20	Gd($16c$)位置
PdO	2.97	Zr($16d$)位置	Gd_2O_3	1.49	Gd($16c$)位置
La_2O_3	9.90	Gd($16c$)位置	Pr_6O_{11}	9.37	Gd($16c$)位置
CeO_2	19.08	Zr($16d$)位置			

6.1.2 固化体的配方设计与烧结

在卢喜瑞课题组前期所得的研究结果中[2,3]：在包容模拟 TRPO-1 废物后，钆锆烧绿石样品在保持单一烧绿石结构条件下的最大固溶度(质量分数)达到了 40%。因此，本章为确切地研究固化体的抗辐照性，选取前期结果中固化体物相结构的相变点附近样品，即固溶度(质量分数)为 40%的模拟 TRPO-1 废物固化体，进行辐照实验，固溶度(质量分数)

在 40%的样品则是保持单一烧绿石结构下的最大固溶度样品。另外选取中间固溶度的样品［即固溶度（质量分数）为 25%的模拟 TRPO-1 废物固化体］以及空白样品，从而使得辐照实验的结果具有较好的说服力。根据化学公式，固溶度（质量分数）为 0、25%和 40%三组样品的化学式分别为 $Gd_2Zr_2O_7$、$Gd_{1.184}(Y_{0.052}Mo_{0.123}La_{0.022}Pr_{0.009}Nd_{0.089}Sm_{0.167}Eu_{0.081}Gd_{0.273})Zr_{1.872}(Pr_{0.018}Ru_{0.068}Pd_{0.030}Ce_{0.014})O_7$ 和 $Gd_{0.728}(Y_{0.081}Mo_{0.192}La_{0.033}Pr_{0.014}Nd_{0.141}Sm_{0.263}Eu_{0.128}Gd_{0.431})Zr_{1.799}(Pr_{0.028}Ru_{0.106}Pd_{0.046}Ce_{0.021})O_7$。结合表 6.1，分别计算钆锆烧绿石模拟 TRPO-1 废物固化体制备过程中所需的 Gd_2O_3、ZrO_2 和模拟 TRPO-1 废物粉体的原料添加量。详细配方表如表 6.2 所示。实验所用原料和实验所用仪器设备分别如表 6.3 和表 6.4 所示。

表 6.2　Gd_2O_3、ZrO_2 和模拟 TRPO-1 废物中各组分的含量

固溶度（质量分数）/%	原料添加量/g						
	Y_2O_3	MoO_3	RuO_2	PdO	La_2O_3	Gd_2O_3（废物）	Pr_6O_{11}
0	0	0	0	0	0	0	0
25	0.0286	0.0873	0.0444	0.0089	0.0174	0.2436	0.0223
40	0.0456	0.1397	0.0708	0.0144	0.0272	0.3899	0.0356

固溶度（质量分数）/%	原料添加量/g					
	Nd_2O_3	Sm_2O_3	Eu_2O_3	CeO_2	Gd_2O_3（基材）	ZrO_2
0	0	0	0	0	1.7859	1.2141
25	0.0743	0.1432	0.0703	0.0115	1.0438	1.2057
40	0.1188	0.2290	0.1124	0.0179	0.5911	1.2094

表 6.3　钆锆烧绿石模拟 TRPO-1 废物固化体实验所需原料

名称	化学式	生产厂家
氧化钇*	Y_2O_3	绵阳垚鑫商贸有限公司
氧化钼*	MoO_3	绵阳垚鑫商贸有限公司
氧化镧*	La_2O_3	绵阳垚鑫商贸有限公司
氧化镨*	Pr_6O_{11}	绵阳垚鑫商贸有限公司
氧化钕*	Nd_2O_3	国药集团化学试剂有限公司
氧化钐*	Sm_2O_3	绵阳垚鑫商贸有限公司
氧化铕*	Eu_2O_3	绵阳垚鑫商贸有限公司
氧化钆*	Gd_2O_3	阿拉丁试剂(上海)有限公司
氧化钌*	RuO_2	阿拉丁试剂(上海)有限公司
氧化钯*	PdO	绵阳垚鑫商贸有限公司
氧化铈*	CeO_2	阿拉丁试剂(上海)有限公司
氧化锆*	ZrO_2	国药集团化学试剂有限公司
无水乙醇	CH_3CH_2OH	成都市科龙化工试剂厂

注：*表示药品纯度为 AR 级；无水乙醇为混合研磨辅助试剂。

表 6.4   钆锆烧绿石模拟 TRPO-1 废物固化体实验所需仪器设备

名称	生产厂家	型号
电子分析天平	上海佑科仪器仪表有限公司	FA2004B
电热恒温鼓风干燥箱	上海浦东荣丰科学仪器有限公司	DHG-9053A
粉末压片机	天津市科器高新技术公司	769YD-24B
高温马弗炉	湘潭市三星仪器有限公司	KSS-1700
数控超声波清洗器	昆山超声仪器有限公司	KQ5200DV
X 射线衍射仪	荷兰 PANalytical B.V.	X'Pert PRO
SEM	德国 Carl Zeiss AG	Ultra55
激光拉曼光谱仪	英国 Renishaw	inVia
FETEM	德国 Carl Zeiss AG	Libra200

实验利用高温固相法制备钆锆烧绿石模拟 TRPO-1 废物固化体,主要原料为 Gd_2O_3、ZrO_2 及模拟 TRPO-1 废物(表 6.3)各组分粉体。同时,用无水乙醇(CH_3CH_2OH)作为研磨及混料辅助试剂。实验流程主要分为原料的预处理,样品的称量、研磨及压制,样品的烧结等阶段。为保证充分去除原料中所含有的水分,在实验前需将 Gd_2O_3、ZrO_2 及模拟 TRPO-1 废物粉体原料放入 DHG-9053A 型电热恒温鼓风干燥箱中,在 60℃下干燥 4h。

根据表 6.2 计算所得的原料配方,先利用 FA2004B 型电子分析天平将预处理后的实验样品进行精确称量,分组编号,再将各组实验原料放入研钵中加入无水乙醇充分研磨至干燥状态。将研磨后的原料样品编号包装,再次放入电热恒温鼓风干燥箱中,在 60℃下干燥 4h。将干燥后的混合粉体利用 769YD-24B 型粉末压片机在 10MPa 压力下预压成直径为 12mm 的样品圆片。要求预压所得圆片表面光滑,没有分层、开裂等现象。将预压成型后样品放在刚玉承烧板上,记录好样品位置编号,安置在高温马弗炉中进行烧结,烧结条件为:手动设置升温程序,设置升温 60min 后由室温升至 300℃,升温 120min 后达到 900℃,升温 150min 后达到 1500℃,并在 1500℃条件下保温 72h;硅钼棒加热,双铂铑合金温差测温。待高温马弗炉程序结束停止工作后进入自然冷却阶段,在温度降至 50℃左右取出样品。最终获得钆锆烧绿石模拟 TRPO-1 废物固化体。图 6.1 为固化体的取代原理和制备流程示意图。固化体制备结束后,首先将进行辐照实验前最终得到的样品处理成矩形的块体(8mm×8mm×1mm),然后进行辐照前的测试表征,最后在辐照前将这些样品进行超声清洗,并在 800℃下完全干燥 24h。更多的制备细节可参考文献[2]。

为保证辐照实验的准确进行,对前期制备所得样品进行 XRD 测试表征,分析固化体样品的晶体结构,结果如图 6.2 所示。从图 6.2 中可以看出,无论固溶度(质量分数)为 25% 还是固溶度(质量分数)为 40%的固化体样品,其 XRD 测试结果中在 $2\theta \approx 14°(111)$、$27°(311)$、$37°(331)$ 位置都存在超晶格衍射峰,因此,可以说明固化体样品晶体结构均为烧绿石结构,即前期所得固化体样品均已达到进行辐照实验的要求,可以进行后续辐照实验。

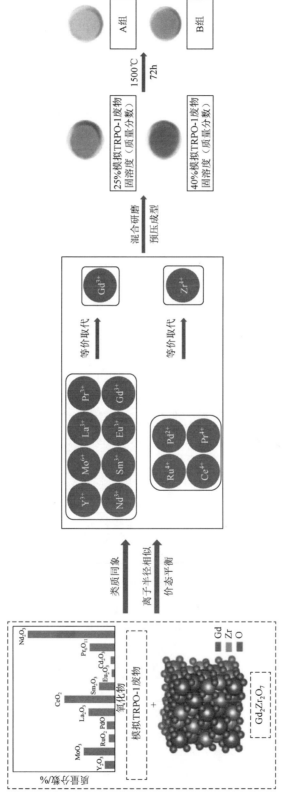

图 6.1　固溶度（质量分数）为 25%和 40%模拟 TRPO-1 废物固化体的取代原理以及制备流程示意图

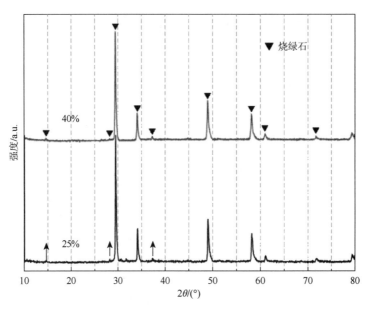

图 6.2　辐照前固溶度(质量分数)为 25%和 40%模拟 TRPO-1 废物固化体的 XRD 图谱

6.1.3　固化体的辐照实验

　　为了探究钆锆烧绿石模拟 TRPO-1 废物固化体的 α 辐照效应，α 辐照实验是在中国科学院近代物理研究所 320kV 高压平台 3 号实验终端完成的。在 α 辐照实验过程中，He^{2+}从 ECRIS 引出，经过聚束器和光栅的准直，被 90°偏转磁铁从干线上引到真空靶室终端的支线上。引入支线的束流可以通过法拉第筒来检测其流强，束流在支线上经过 X 和 Y 两个方向的光栅对束流准直，并调整束斑后进入真空靶室与样品成 90°垂直照射。在整个实验过程中，真空始终保持为 $10^{-9}\sim10^{-8}$mbar。更多辐照实验细节参考第 4 章。

　　实验中选取固溶度(质量分数)为 0(不含模拟 TRPO-1 废物的空白量)、25%(模拟 TRPO-1 废物中等固溶度)和 40%(模拟 TRPO-1 废物最大固溶度)的模拟 TRPO-1 废物固化体样品开展 α 辐照研究，首先通过 SRIM 软件计算得到入射 He^{2+}的损伤峰区大概在 15μm 处，入射 α 粒子在损伤峰区上的位移原子数 $v=1.1$dpa/Å；然后参照苏思瑾[4]的计算方法，获得单位时间辐照在样品中产生的位移原子数 R；最后根据所设定的辐照剂量，从而得到所需要的辐照时间，见表 6.5。图 6.3 为经辐照剂量为 $1\times10^{14}\sim1\times10^{17}$ions/cm^2、固溶度(质量分数)为 40%的模拟 TRPO-1 废物固化体的样品照片。

表 6.5　辐照剂量与辐照时间关系

辐照时间/s	辐照剂量/(ions/cm^2)
9	1×10^{14}
87	1×10^{15}
875	1×10^{16}
8696	1×10^{17}

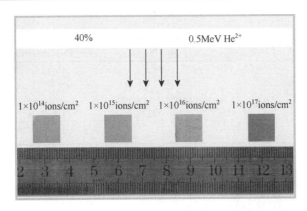

图 6.3　固溶度(质量分数)为 40%的模拟 TRPO-1 废物固化体(辐照剂量为 $1\times10^{14}\sim1\times10^{17}$ions/cm^2)的
样品照片

重离子辐照实验也借助中国科学院近代物理研究所的 320kV 高压平台 3 号实验终端完成。整个装置共配备 5 个实验终端,其中 3 号实验终端主要为辐照实验提供束流。在实验过程中,首先将 Xe^{20+}从其产生源(ECR)引出,Xe^{20+}束流经过聚束器和光栅的准直校准,借助偏转磁铁将束流垂直偏转 90°,将束流从实验设备干线引入 3 号实验终端的支线上,然后经过水平和竖直两个方向的光栅对束流再次进行准直,最后调整束斑大小后进入真空靶室进行辐照实验。实验过程中通过调整靶面使束流与样品成 90°进行垂直照射。实验采用三面靶架,每次装样可以对 12 个样品进行辐照,样品均匀分布在三面,实验过程中可通过调整靶面对不同面的样品表面进行均匀辐照。实验中支线上的辐照剂量以及束流流强分别利用束流积分仪和微安表进行监测。更多辐照实验细节参照第 4 章。通过高压平台,将钇锆烧绿石模拟 TRPO-1 废物固化体样品在室温下用 1.5MeV Xe^{20+}进行辐照实验,辐照剂量为 $1\times10^{12}\sim1\times10^{15}$ions/cm^2。由于在同一批次对相同辐照剂量的样品进行辐照实验,可以忽略不同固溶度的模拟 TRPO-1 废物固化体之间在辐照过程中的辐照剂量不确定性。实验前利用 SRIM 软件结合高压平台的实际设备情况进行模拟计算,最终得到辐照实验相关的具体参数。表 6.6 列出了辐照实验的具体参数以及原子位移峰值。原子位移峰值根据以下方程计算得到

$$\left(\frac{\text{vacancies}}{\text{ions}\times\text{Å}}\right)\times\left(\frac{10^8\left(\frac{\text{Å}}{\text{cm}}\right)\times\text{离子通量}\left(\frac{\text{ions}}{\text{cm}^2}\right)}{\text{原子密度}\left(\frac{\text{atoms}}{\text{cm}^3}\right)}\right)=\left(\frac{\#\text{ of vacancies}}{\text{atom}}\right)=\text{原子位移峰值} \quad (6.1)$$

式中所用数据根据 SRIM 模拟计算的输出结果即数据文件 vacancy. txt 整理得到[5]。

表 6.6　辐照实验参数以及每组样品的原子位移峰值

离子类型	目标	辐照时间/s	辐照剂量/(ions/cm^2)	原子位移峰值
1.5MeV Xe^{20+}	A 组	5	1×10^{12}	0.00248
		44	1×10^{13}	0.02484
		435	1×10^{14}	0.24836
		4350	1×10^{15}	2.48364

续表

离子类型	目标	辐照时间/s	辐照剂量/(ions/cm²)	原子位移峰值
		5	1×10^{12}	0.00250
1.5MeV Xe²⁰⁺	B 组	44	1×10^{13}	0.02497
		435	1×10^{14}	0.24974
		4350	1×10^{15}	2.49738

6.1.4　固化体的 α 辐照效应

用 CuKα 辐射($\lambda = 1.5406$Å)对辐照后的模拟 TRPO-1 废物固化体的物相进行分析。测试条件为:2θ 为 10°～80°,扫描速率为 2°/min,停留时间为 1s[6],掠入射角为 0.5°～3.0°。采用拉曼光谱对辐照后样品的局部结构成键环境变化进行表征。用激光拉曼光谱仪(inVia,Renishaw,英国)记录样品的拉曼光谱。通过峰拟合程序确定拉曼振动峰的位置。采用 FESEM(Ultra55,Carl Zeiss AG,德国)观察辐照样品的微观形貌。用附在 FESEM 设备上的 EDX 分析固化体的元素分布。

1. 物相变化

图 6.4 为原始不同固溶度(质量分数,分别为 0、25%、40%)的模拟 TRPO-1 废物固化体的 GIXRD 曲线。结果表明,空白样品在 2θ 为 14°(111)、28°(311)和 37°(331)出现典型的超晶格峰而表现为烧绿石结构,与文献[3]、[7]和[8]结果保持一致。37°(331)位置的峰可评价固化体结构是否为烧绿石结构[9]。如图 6.4 所示,(311)峰的相对强度随着固溶度的增加而增大,这个结果表明固化体的结构有序度逐渐增加。此外,B 位原子被较重的 Zr 原子所取代,因此其散射因子的变大也有助于衍射强度的增强。

图 6.5 为模拟 TRPO-1 废物固化体经 He²⁺辐照前与辐照后(0.5MeV、1×10^{15}～1×10^{17}ions/cm²)所得 GIXRD 曲线($\gamma = 0.5°$)。结果表明,与烧绿石结构相关的超晶格峰都消失了,只观察到与萤石结构相关的衍射峰。这表明 He²⁺的辐照会引起结构从有序转变为无序,即从有序的烧绿石结构转变为具有缺陷的萤石结构[10]。此外,还发现位于(222)、(400)、(440)和(622)的主衍射峰的最高强度有所降低。同时,如图 6.5(a)～(c)所示,所有的衍射峰均存在向低 2θ 轻微偏移的现象。这个结果表明晶格体积膨胀。此外,在所有固化体中均观察到明显的峰展宽,这是由辐照导致的样品的内部紊乱。烧绿石的辐照响应在很大程度上取决于其组成[11]。因此,研究固溶度对 $A_2B_2O_7$ 固化体的抗辐照性的影响。

为了探究废物固溶度对模拟 TRPO-1 废物固化体抗 α 辐照性的影响,图 6.5(d)给出了同一 He²⁺辐照条件下(0.5MeV、1×10^{17}ions/cm²)不同固溶度(质量分数,分别为 0、25%、40%)的模拟 TRPO-1 废物固化体 GIXRD 曲线对比图。通过图 6.5(d)可以看出,在相同辐

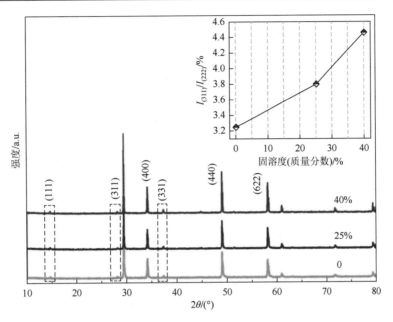

图 6.4　原始模拟 TRPO-1 废物固化体的 GIXRD 曲线($\gamma = 0.5°$)

竖直曲线辅助区分峰位位移

照剂量条件下，随着模拟 TRPO-1 废物固溶度的增加，主要衍射峰的强度呈减弱的趋势。这种现象表明，模拟 TRPO-1 废物固化体的抗 α 辐照性随着废物固溶度的增加呈下降的趋势。

先前大量的研究[12-15]表明，在 $A_2B_2O_7$ 型氧化物中，A、B 位阳离子的半径比(r_A/r_B)对其抗辐照性有直接的影响。在射线辐照条件下，A、B 位阳离子半径越接近，这种矿物包容辐照引起缺陷的能力越强，固化体表现越稳定。此外，Sickafus 等[16]在对烧绿石结构的氧化物抗辐照性研究中发现，烧绿石结构的 $A_2B_2O_7$ 型氧化物受辐照损伤的过程本身就是一种阴、阳离子无序化的过程，阴、阳离子无序化的程度越高，其在射线辐照环境下表现得也就越稳定。在模拟 TRPO-1 废物固化体［固溶度(质量分数)为 0、25%、40%］的研

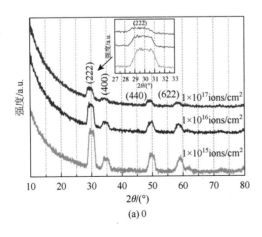

(a) 0

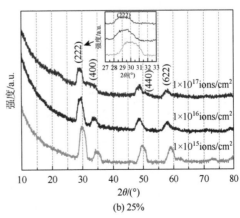

(b) 25%

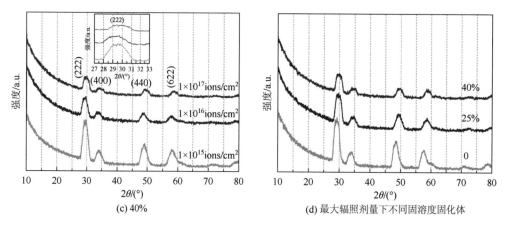

(c) 40%　　　　　　　　　　　　　　(d) 最大辐照剂量下不同固溶度固化体

图 6.5　模拟 TRPO-1 废物固化体经 He^{2+}辐照后(0.5MeV、1×10^{15}～1×10^{17}ions/cm^2) 及最大辐照剂量下不同固溶度固化体所得 GIXRD 曲线(γ = 0.5°)

竖直曲线辅助区分峰位位移

究体系中，随着废物固溶度的增加，r_A/r_B 不断增大，其半径相差越来越大。固化体阴、阳离子有序化的程度越来越高，其抗辐照性在逐渐减弱。因此，固溶度(质量分数)为 40% 固化体的抗 α 辐照性最弱，而固溶度(质量分数)为 0 固化体的抗 α 辐照性最强。

在 α 辐照过程中，随着射线穿透深度的不同，α 射线对固化体产生的辐照损伤程度不同。因此，利用不同的掠入射角探讨模拟 TRPO-1 废物固化体的 α 辐照效应与射线在固化体中穿透深度的关系。通过理论计算，实验中所获取的掠入射角 γ 分别为 0.5°、1.0°、1.5°、2.0°、2.5°和 3.0°。图 6.6 为不同掠入射角条件下模拟 TRPO-1 废物固化体的 GIXRD

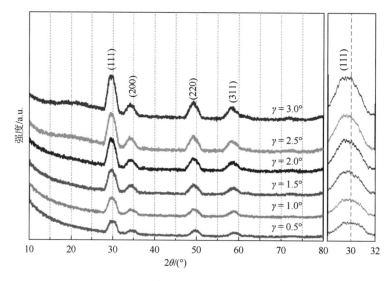

图 6.6　模拟 TRPO-1 废物固化体经 He^{2+}辐照后(0.5MeV、1×10^{17}ions/cm^2) 所得 GIXRD 曲线(γ = 0.5°～3.0°)

右侧为 30°附近衍射峰的局部放大图，竖直曲线辅助区分峰位位移测试结果。由图可知，随着掠入射角的增加，α 辐照后固化体的主要衍射峰的强度呈现增强的趋势。这主要是由于随着掠入射角的增加，X 射线在固化体中的探测深度会逐渐增加，会有更多的受辐照损伤较弱的地方被探测到。另外，通过图 6.6 右侧的局部放大图可以发现，随着掠入射角的增加，主要衍射峰向 2θ 减小的方向发生偏移。这种现象表明，随着掠入射角的增加，辐照后固化体晶胞体积的肿胀出现增加趋势。根据 SRIM 模拟 α 射线在固化体中损伤分布图(图 6.7)可知，α 射线在辐照损伤的 0～2μm 内对固化体产生的辐照损伤的程度不是一个恒定的值，随着 α 射线穿透深度的增加，其在固化体中产生的辐照损伤程度不断增加，在 1.43μm 时达到最大值。当掠入射角增加时，X 射线在模拟 TRPO-1 废物固化体中的穿透深度会逐渐增加，并伴随着采集到辐照损伤信号的增加。因此，随着掠入射角的增加，所收集到的累积损伤程度增大，GIXRD 曲线中主要衍射峰向低角度偏移呈现增加的趋势。

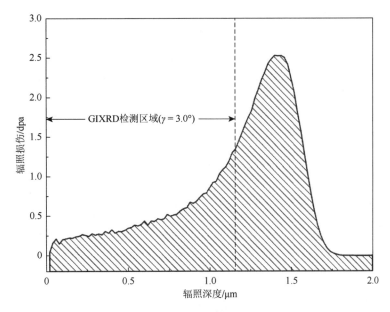

图 6.7　SRIM 模拟 0.5MeV He^{2+}(1×10^{17}ions/cm^2)辐照模拟 TRPO-1 废物固化体［固溶度（质量分数）为 40%］后的辐照损伤分布图

2. 微观结构变化

为了研究 α 辐照对模拟 TRPO-1 废物固化体微观结构的影响,本节对 He^{2+}(0.5MeV、1×10^{14}～1×10^{17}ions/cm^2)辐照后的模拟 TRPO-1 废物固化体［固溶度（质量分数）为 25%、40%］开展激光拉曼分析，拉曼光谱测试结果见图 6.8(a)和(b)。根据 Begg 等[17] 的工作，给出本节观测到的拉曼振动模式及分配，如表 6.7 所示。Fan 等[3]研究表明，370cm^{-1} 位置为 $F_{2g}+E_g$ 振动模式，对应 O—(Gd，A)—O 的弯曲振动；450cm^{-1} 位置为 F_{2g} 振动模式，对应(Zr，B)—O 的伸缩振动；550cm^{-1} 位置为 A_{1g} 振动模式，对应(Gd，A)—O 的伸缩振动。从图 6.8(a)和(b)可以看出，经过 α 辐照后，固化体主要拉曼振动峰的强度随着辐照剂量的增加呈现减弱的趋势。这种现象表明，α 辐照诱使固化体的化学键无序化，导致固化体的结晶度降低[18]。图 6.9 为在 435cm^{-1} 和 550cm^{-1} 位置处的拉曼振动模式随辐照剂量变化的改变。结果表明，这两处位置的拉曼振动峰存在随着辐照剂量增加向高频率方向移动的趋势。造成这种现象的原因可能是 He^{2+} 辐照诱导固化体中阳离子反位的形成，导致产生局部结构的改变[19]。固化体中拉曼振动模式峰的减少与之前的 GIXRD 结果的结构分析一致，即随着辐照剂量的增加，两类固化体由烧绿石结构转变为具有缺陷的萤石结构。

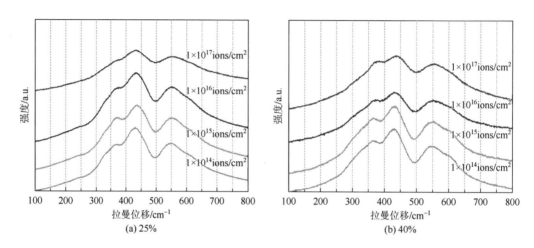

图 6.8　模拟 TRPO-1 模拟固化体经 He^{2+} 辐照后（0.5MeV、1×10^{14}～1×10^{17}ions/cm^2）所得拉曼光谱图
竖直曲线辅助区分峰位位移

表 6.7　模拟 TRPO-1 废物固化体的拉曼振动模式以及分配

拉曼频率/cm^{-1}	分配	振动模式
366	F$_{2g}$，E$_g$	O—（Gd，A）—O 弯曲振动
431	F$_{2g}$	（Zr，B）—O 伸缩振动
547	A$_{1g}$	（Gd，A）—O 伸缩振动

3. 微观形貌变化

为了进一步确定辐照样品的相位信息，对辐照后的模拟 TRPO-1 废物固化体进行背散射电子（back scattered electron，BSE）表征。图 6.10（a）为经辐照后固溶度（质量分数）为 40% 的模拟 TRPO-1 废物固化体的 BSE 图片。从图中可以看出，辐照后区域所形成的一些小孔隙与原始样品形成明显对比，但整体在表面上没有明显的差异。电子能谱和元素组成如图 6.10（b）所示，所有掺杂的元素均可被检测出来。这表明辐照后的样品呈现为单一相，并未发现其他杂相。

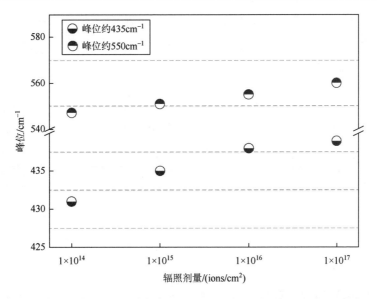

图 6.9　435cm^{-1} 和 550cm^{-1} 位置处的拉曼振动模式随辐照剂量变化的改变

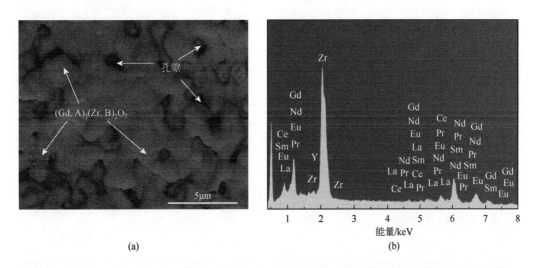

(a)　　　　　　　　　　　　　　　　(b)

图 6.10　辐照后固溶度(质量分数)为 40%的模拟 TRPO-1 废物固化体的(a)BSE 图片和(b)电子能谱及元素组成

　　图 6.11 为固溶度(质量分数)为 40%的模拟 TRPO-1 废物固化体经 He^{2+}辐照前与辐照后(0.5MeV、1×10^{17}ions/cm^2)所得 SEM 图片。从图中可以看出,辐照前后样品的晶粒呈圆形,晶界清晰。此外,在辐照前后样品的结晶构型没有显著的变化。结合 GIXRD 和 BSE 的分析结果,进一步证明辐照样品仍为单相结晶,辐照过程中不存在相分离现象。图 6.12 中还描绘了典型的 Ru、Sm 和 La 元素映射图像。同时还可以从图 6.12(a)中发现,Ru、Sm 和 La 元素几乎均匀分布在辐照后的样品中。因此,He^{2+}辐照不会引起模拟 TRPO-1 废物固化体中 Ru、Sm 和 La 元素的聚集。

　　基于辐照后模拟 TRPO-1 废物固化体的 GIXRD 以及 SEM 可知:在这些样品中,没

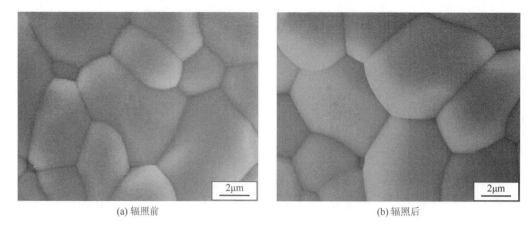

(a) 辐照前　　　　　　　　　　　　　　　　　(b) 辐照后

图 6.11　固溶度(质量分数)为 40%的模拟 TRPO-1 废物固化体经 He^{2+}辐照前与辐照后(0.5MeV、
1×10^{17}ions/cm^2) 所得 SEM 图片

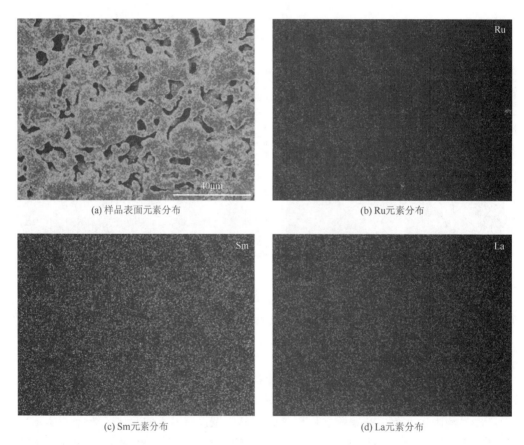

(a) 样品表面元素分布　　　　　　　　　　　　　(b) Ru元素分布

(c) Sm元素分布　　　　　　　　　　　　　　(d) La元素分布

图 6.12　固溶度(质量分数)为 40%的模拟 TRPO-1 废物固化体经 He^{2+}辐照后(0.5MeV、1×10^{17}ions/cm^2)
Ru、Sm 和 La 元素的映射图

有发现晶体向非晶态转变的证据,而可以观察到固化体从有序的烧绿石结构转变为细微体
积膨胀的具有缺陷的萤石结构。为更加全面地了解辐照过程中所出现的现象,从堆积层模

型和阳离子反位缺陷形成两方面提出可能的机理[20, 21]。图 6.13 为烧绿石型 $Gd_2Zr_2O_7$ 晶体结构的堆积层模型。可以使用三角形的原子网来描述阳离子层，并且 A 位和 B 位的阳离子有序排列，辐照后，A 位和 B 位阳离子随机交换彼此的位置，通过阳离子反位缺陷反应，使得阳离子层混乱：$A_A + B_B \longrightarrow A_B' + B_A^{\cdot}$。阳离子层中原子无序或反位缺陷的形成导致了结构的转变。此外，Li 等[22]还观察到由阳离子反位缺陷的积累而引起的体积膨胀。

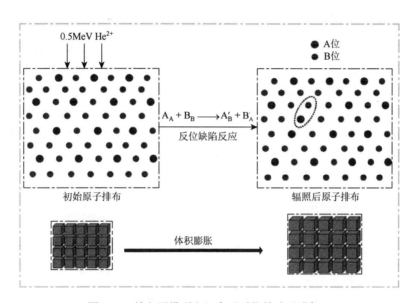

图 6.13　堆积层模型和阳离子反位缺陷形成机理

6.1.5　固化体的重离子辐照效应

用 X 射线衍射仪（X'Pert PRO，PANalytical B.V.，荷兰）对辐照后钇锆烧绿石模拟 TRPO-1 废物系列固化体进行 GIXRD 物相分析。仪器工作条件如下：扫描范围为 10°～80°，扫描步长为 0.02°，扫描速度为 2°/min，采用 CuKα 辐射，电压为 36kV，电流为 30mA。另外，GIXRD 测试过程中不同掠入射角对应的扫描深度是不同的。具体扫描深度需要根据不同条件来选择如下方程中不同的临界角的计算模型进行计算[23, 24]：

$$\gamma_c = 1.6 \times 10^{-3} \rho^{\frac{1}{2}} \lambda \tag{6.2}$$

$$d = \lambda / \left(2\pi \sqrt{\gamma_c^2 - \gamma^2} \right) \tag{6.3}$$

$$d = \frac{2\gamma}{\mu} \tag{6.4}$$

式中，γ_c 为临界角；ρ 为晶体密度；λ 为 X 射线的波长；d 为测试深度；γ 为掠入射角；μ 为线性衰减系数。下面将选用固溶度（质量分数）为 40%的模拟 TRPO-1 废物固化体进行举例说明。在该组样品计算结果中，$\gamma_c = 0.293°$，$\rho = 4.303\mathrm{g/cm}^3$，$\lambda = 1.5406\mathrm{Å}$，$\mu = 664.29\mathrm{cm}^{-1}$。当 $\gamma < \gamma_c$ 时，实际测试深度按方程（6.3）计算；而 $\gamma > \gamma_c$ 时，实际测试深度通过方程（6.4）进行计算。

为了深入研究重离子辐照对模拟 TRPO-1 废物固化体结构的影响，本节对辐照后样品利用激光拉曼光谱仪（inVia，Renishaw，英国）进行测试表征分析，拉曼光谱扫描范围在 $100\sim1000\mathrm{cm}^{-1}$。随后利用 FESEM（Ultra55，Carl Zeiss AG，德国）观察辐照后样品表面的微观结构变化，并利用该仪器上 EDX 扫描设备对样品表面元素的分布进行分析。最后利用 FETEM（Libra 200，Carl Zeiss AG，德国）对样品晶体结构进行深入分析。

1. 固化体的物相变化

在 B 组中，首先对 1.5MeV Xe^{20+} 辐照条件下最高辐照剂量（$1\times10^{15}\mathrm{ions/cm}^2$）的样品进行计算分析，选定测试角度。一方面，辐照损伤的程度是与样品所受辐照深度和辐照剂量相关的；另一方面，GIXRD 的测试深度是与选定的掠入射角密切相关的。因此在测试前，计算该组样品的理论原子位移，并将其与 GIXRD 测试的不同掠入射角一同作为图 6.14 中辐照损伤深度的变化函数。从图中可以观察到，样品的最大原子位移在损伤深度 290nm 附近，此时，GIXRD 测试所对应的掠入射角是 1.1°。因此，初步测试的掠入射角 γ 分别选定为 0.5°、1.0°、1.5° 和 2.0° 四个角度。

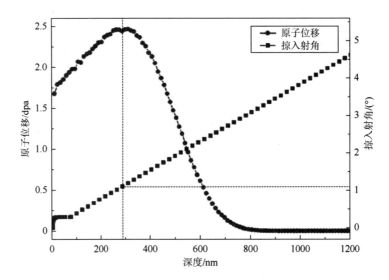

图 6.14　在 1.5MeV Xe^{20+}、$1\times10^{15}\mathrm{ions/cm}^2$ 辐照条件下对固溶度（质量分数）为 40% 的模拟 TRPO-1 废物固化体进行 SRIM 模拟，得到的原子位移（圆点曲线）和 GIXRD 测试中不同掠入射角（方块曲线）所对应的测试深度作为辐照损伤深度的函数

虚线表示图中最大的原子位移所对应的辐照损伤深度和 GIXRD 测试掠入射角

图 6.15 为掠入射角 γ 为 0.5°、1.0°、1.5° 和 2.0° 时 GIXRD 图谱。从图中可以发现，样品中主衍射峰的强度随掠入射角的增大而增大。而在图 6.15 右侧部分为 $2\theta = 60°\sim62°$ 和 $70°\sim72°$ 的 GIXRD 图谱放大图。值得注意的是，在掠入射角 $\gamma = 0.5°$ 时，图中 $2\theta = 61°$ 位置的衍射峰已经消失，在 $\gamma>0.5°$ 时该衍射峰重新出现。不仅如此，所有萤石结构的主要衍射峰在掠入射角 $\gamma = 2.0°$ 时全部出现在图谱中。这意味着随着测试深度的增加，样品中探测到的辐照损伤信号越来越弱，这或许归因于辐照损伤区域主要集中在样品最上

层照射表面部位[25]。因此，最终采用 $\gamma = 0.5°$ 来研究两组样品在不同辐照剂量照射下引起的辐照效应。

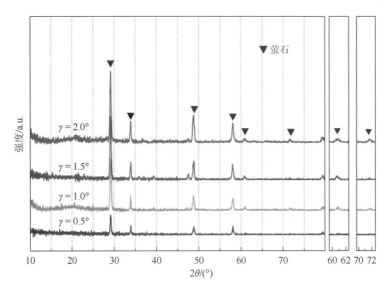

图 6.15　固溶度（质量分数）为 40%的模拟 TRPO-1 废物固化体经 Xe^{20+}辐照后（1.5MeV、1×10^{15}ions/cm²）所得 GIXRD 曲线（$\gamma = 0.5°\sim2.0°$）

图 6.16 为掠入射角 $\gamma = 0.5°$ 时，固溶度（质量分数）为 25%和 40%两组原始样品以及经辐照剂量为 $1 \times 10^{12}\sim1 \times 10^{15}$ions/cm²，1.5MeV Xe^{20+}辐照条件下固化体样品的 GIXRD 图谱。图中可以发现，在 $2\theta\approx14°$(111)、$27°$(311)、$37°$(331)位置存在超晶格衍射峰，这说明两组原始样品都是有序的烧绿石结构[26]。然而，这些超晶格结构的衍射峰强度较弱，这可能是因为 GIXRD 测试相对于常规 XRD 具有较为明显的噪声，影响了其信号的收集。另外，辐照后两组样品的超晶格衍射峰信号完全消失，只有萤石结构的衍射峰依旧存在。这表明在该体系中出现了辐照诱发的结构相变，固化体在辐照后从有序的烧绿石结构转变为无序的萤石结构。

图 6.16(a) 为固溶度（质量分数）为 25%样品的 GIXRD 图谱。值得注意的是，在所用辐照剂量范围内，可以观察到图中较为尖锐的衍射峰强度是随着辐照剂量的增加而逐渐减弱的。在图 6.16(b) 中可以观察到固溶度（质量分数）为 40%的样品也有类似的趋势。然而，这两组样品(不同模拟 TRPO-1 废物固溶度)的辐照效应差异仍然不可忽视，主要表现在以下两个方面。首先，固溶度（质量分数）为 40%样品衍射峰的强度相对于固溶度（质量分数）为 25%的样品低得多，并且在最大辐照剂量时表现得更为明显。其次，辐照效应导致的衍射峰消失现象在固溶度（质量分数）为 40%的样品中表现更为突出。在固溶度（质量分数）为 25%的样品中，随着辐照剂量的增加，只有 70°左右的衍射峰消失。而在固溶度（质量分数）为 40%的样品中，有三个衍射峰消失，辐照剂量在 1×10^{14}ions/cm² 时，在 70°和 80°左右的衍射峰消失，在最高辐照剂量的样品中，61°附近的衍射峰也消失。然而，即便如此，固溶度（质量分数）为 40%样品中经最大辐照剂量辐照后所得样品仍然可以检测到较

弱的晶体结构衍射峰信号，这说明在辐照后，固溶度(质量分数)为 25%和 40%的两组固化体样品依旧保持较为微弱的晶体结构。

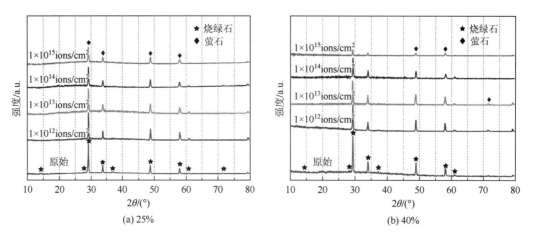

图 6.16　模拟 TRPO-1 废物固化体经 Xe^{20+}辐照前与辐照后(1.5MeV、1×10^{12}～1×10^{15}ions/cm^2)所得 GIXRD 曲线($\gamma = 0.5°$)

2. 固化体的微观结构变化

拉曼光谱对于金属-氧键的振动模式十分敏感，因此利用它来确定不同固溶度和辐照剂量的样品局部结构变化。图 6.17 为模拟 TRPO-1 废物固化体不同辐照剂量下的拉曼光谱。从图中可以看出，固溶度为(质量分数)25%的原始样品的拉曼光谱主要由六个强振动模式组成，分别在 326cm^{-1}、352cm^{-1}、422cm^{-1}、545cm^{-1}、613cm^{-1} 和 852cm^{-1} 位置，分别属于 E$_g$、F$_{2g}$、F$_{2g}$、A$_{1g}$、F$_{2g}$ 和广义的 F$_{2g}$[27-29]。

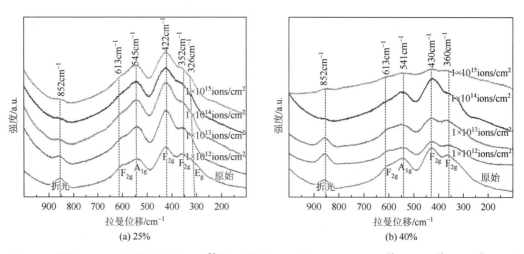

图 6.17　模拟 TRPO-1 废物固化体经 Xe^{20+}辐照前与辐照后(1.5MeV、1×10^{12}～1×10^{15}ions/cm^2)所得拉曼光谱图

经 Xe^{20+}辐照后，固溶度(质量分数)为 25%的样品中与 A$_{1g}$ 和 F$_{2g}$ 相关的振动模式几乎

保持原有位置不变。另外值得注意的是，其中 E_g 振动模式随着辐照剂量的增加从原有位置($313cm^{-1}$)向高波数轻微偏移，最终到达 $326cm^{-1}$ 位置。而固溶度(质量分数)为 40% 的原始样品在该位置的 E_{2g} 振动模式未出现，这说明，不仅模拟 TRPO-1 废物固溶度的增加会对 E_{2g} 振动模式有影响，而且辐照剂量的增加会对其有较大影响。另外，还有类似的辐照诱导同时出现在两组中 $852cm^{-1}$ 位置的广义的 F_{2g} 振动模式。它的强度随着辐照剂量的增加不断变弱，并且出现了一定程度的宽化，这是由辐照损伤所形成的结构无序化和 $8a$ 位置的随机空缺原因所造成的。而这刚好与 GIXRD 分析中由辐照效应所导致的物相从烧绿石结构转变为萤石结构的结论相吻合[28, 29]。

此外，通过对比图 6.17(a) 和 (b) 中拉曼振动峰强度不难发现，固溶度(质量分数)为 40% 样品的拉曼振动峰强度要整体弱于固溶度(质量分数)为 25% 的样品，并且固溶度(质量分数)为 40% 的样品中所有的拉曼振动峰在经过 $1×10^{15}ions/cm^2$ 的 Xe^{20+} 辐照后已基本消失。因此，可以说明这种模拟 TRPO-1 废物固化体的辐照稳定性是与其固溶度直接相关的，即固溶度越高的固化体在辐照后结构越容易发生畸变。

3. 固化体的微观形貌变化

利用 SEM-EDX 对 $1×10^{15}ions/cm^2$ 辐照剂量照射后模拟 TRPO-1 废物固化体的辐照效应进行表征，结果如图 6.18 所示。可以从图中清晰地观察到，辐照后样品依旧具有清晰明显的晶粒边界，并存在一些小孔洞。晶粒尺寸主要集中在 2~7μm。另外，观察图 6.18 的右侧部分可以发现，固化体中所有元素都均匀分布，辐照并未对其产生影响。这也是与 GIXRD 分析结果相吻合的，因为在 GIXRD 结果中并未发现在辐照后有不同元素所组成的新相产生。

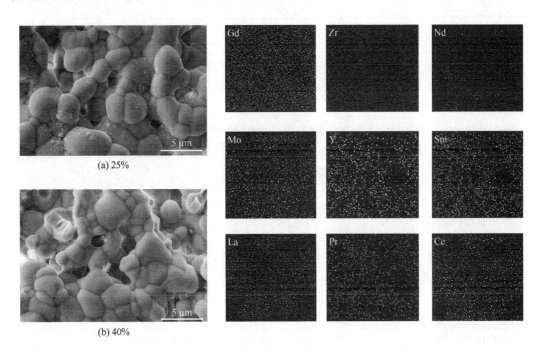

图 6.18　模拟 TRPO-1 废物固化体经 Xe^{20+} 辐照后($1.5MeV$、$1×10^{15}ions/cm^2$)所得部分元素分布图和微观形貌

　　对于固溶度(质量分数)为 40%的样品,采用 HRTEM 对辐照前样品和经最高辐照剂量
(1×10^{15}ions/cm²)辐照后样品进行更深入的研究。在图 6.19(a) 中可以通过 HRTEM 看到辐
照前样品的原子排列规律,结合 SAED 照片[图 6.19(d)]可以得到一个双周期晶胞结构
单元,即可以区分的两组衍射光斑。其中主体部分(强衍射光斑)所显示的是主结构部分,
次要部分(弱衍射光斑)代表的是超晶格结构。从烧绿石结构的原子排列规律可以解释上述
结构,因为烧绿石结构是由有序排列的阳离子和阴离子空位所共同诱导而成的双周期晶胞
结构单元。另外,在主体结构中两个衍射光斑之间的最小距离是超晶格结构的两倍。这与
GIXRD 结果中辐照前样品是烧绿石结构的结论是相吻合的。

　　辐照之后,在图 6.19(b),(c) 和(e),(f) 中可以发现两种结构。其中图 6.19(b)中有
清晰整齐的原子排列,相应地,图 6.19(e) 中 SAED 也有明显的衍射光斑。令人遗憾的是,
衍射光斑的计算非常困难,因为测量的晶体结构与萤石结构的数据不匹配。这可以从辐
照诱导的晶胞体积膨胀来解释。图 6.19(c) 中,原子几乎完全呈现无序化,并且 SAED
[图 6.19(f)]分析中发现了明显的非晶态特征[25]。然而,其中仍然发现了一些微弱的衍射
光斑,说明即使在强辐照条件下,固化体中依旧存在残留的晶体结构碎片。这与前面所提
到的 GIXRD 结果是相符的。

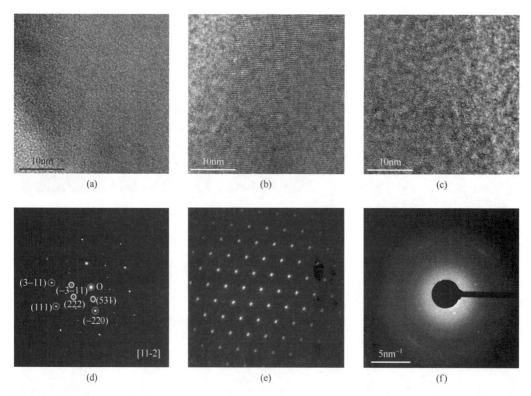

图 6.19　(a) 为固溶度(质量分数)为 40%的辐照前样品的 HRTEM 结果;(d) 为(a) 所对应的 SAED 结果,
其中的亮点由弱环圈出的为萤石结构相关衍射斑点,由亮环圈出的表示烧绿石的超晶格结构相关衍射斑
点,晶体带轴从主衍射点获得;(b)、(e)、(c) 和(f) 为辐照后固化体样品的 HRTEM 和 SAED 分析结果

　　基于前面的讨论，原子无序化已经引起了固化体晶体结构的相转变。如图 6.20 所示，辐照前样品具有整齐的晶体结构并具有超晶格，原子排列高度有序。在被最高辐照剂量辐照后，固化体样品的超晶格结构衍射光斑消失，并且无序程度增加。因此，可以得出在受到 Xe^{20+} 辐照后，样品从烧绿石结构转变为萤石结构，最后接近完全非晶质化。结果表明，最终产生一种非晶质化与萤石结构混合的晶体结构，而且 SAED 显示出晶体和非晶质化结构的特点(图 6.20 右侧)。这与 GIXRD 结果中，辐照可以诱导物相转变，辐照效应与辐照损伤深度高度相关的结论是一致的。

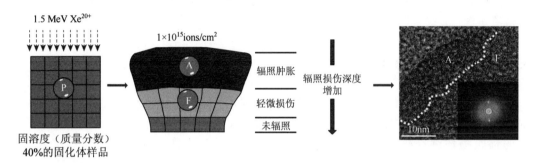

图 6.20　辐照诱导相变示意图

在辐照后，样品结构从烧绿石相转变为萤石相并出现一定程度的无定形化，与辐照损伤深度相关。图中 P 表示烧绿石结构，A 表示非晶质化，F 表示萤石结构

6.2　钆锆烧绿石模拟 TRPO-2 废物固化体的辐照效应

6.2.1　模拟 TRPO-2 废物组成及特点

　　模拟 TRPO-2 废物配方由清华大学提供，模拟 TRPO-2 废物含有 4 种化合物，常作为多元混合氧化物废物固化在 $Gd_2Zr_2O_7$ 陶瓷固化基材中，包括 MoO_3、RuO_2、PdO 和 ZrO_2。每种组分在模拟 TRPO-2 废物中的含量及在 $Gd_2Zr_2O_7$ 固化体中所取代的位置都在表 6.8 中列出。

表 6.8　模拟 TRPO-2 废物中各组分含量及在 $Gd_2Zr_2O_7$ 固化体中阳离子占位情况

氧化物	含量(质量分数)/%	阳离子占位	氧化物	含量(质量分数)/%	阳离子占位
MoO_3	22.96	Gd(16c) 位置	RuO_2	4.48	Gd(16c) 位置
PdO	7.19	Zr(16d) 位置	ZrO_2	65.01	Zr(16c) 位置

6.2.2　固化体的配方设计与烧结

　　本节的模拟 TRPO-2 废物固化体采用高温固相法制备合成。其中，如表 6.8 所示，采用上述四种氧化物模拟 TRPO-2 废物，以 Gd_2O_3 和 ZrO_2 作为原材料合成 $Gd_2Zr_2O_7$。实验过程中所使用的原料均为 AR 级。模拟 TRPO-2 废物的固溶度(质量分数)分别为 35%和 65%，选取的理由是基于作者之前的研究[8]，固溶度(质量分数)为 35%是从烧绿石结构转变为具有缺陷的萤石结构的相变点，固溶度(质量分数)为 65%是保持单一烧绿石结构的最大固溶度。因此，两组样品的化学式分别为 $Gd_{10.685}Mo_{4.734}Zr_{28.924}Ru_{1.000}Pd_{1.745}O_{91.825}$ 和 $Gd_{8.883}Mo_{9.901}Zr_{33.760}Ru_{2.089}Pd_{3.644}O_{118.368}$。原料粉末充分混合，采用无水乙醇为介质在玛瑙研钵中进行细化处理。将细化处理的样品干燥后，采用 10MPa 压力将样品粉末冷压成直径为 12mm 的圆片。随后，在 1500℃烧结 72h，在空气气氛中制备致密的块体陶瓷。将烧制后的样品进一步处理为 8mm×8mm×1mm 的块体以备辐照实验使用。更多的实验细节参考第 4 章。

6.2.3　固化体的辐照实验

在室温下用辐照剂量为 $1×10^{15}～1×10^{17}$ions/cm^2 的 0.5MeV He^{2+}对样品进行辐照[8, 23, 30, 31]，辐照实验是在中国科学院现代物理研究所 320kV 高压平台进行的。利用 SRIM 对目标样品的辐照损伤进行模拟计算[32]。根据图 6.21(a)可以计算出样品中的穿透深度约为 1.37μm。根据图 6.21(b)可以计算出在辐照剂量为 $1×10^{16}$ions/cm^2 时样品的辐照损伤约为 0.151dpa[5, 33, 34]。详细的辐照参数如表 6.9 所示，图 6.22 为样品制备和辐照的过程示意图。

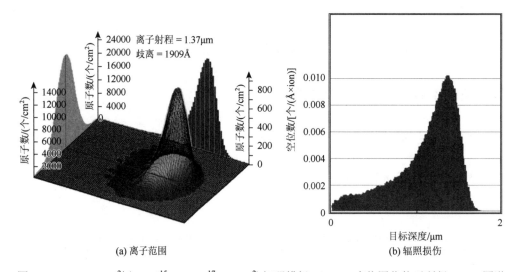

(a) 离子范围　　　　　　　　　　　　(b) 辐照损伤

图 6.21　0.5MeV He^{2+}($1×10^{15}～1×10^{17}$ions/cm^2) 辐照模拟 TRPO-2 废物固化体后所得 SRIM 图谱

表 6.9　模拟 TRPO-2 废物固化体的辐照参数

离子种类	离子能量/MeV	离子射程/μm	辐照剂量/(ions/cm^2)	位移损伤/dpa
			$1×10^{15}$	0.015
He^{2+}	0.5	1.37	$1×10^{16}$	0.151
			$1×10^{17}$	1.513

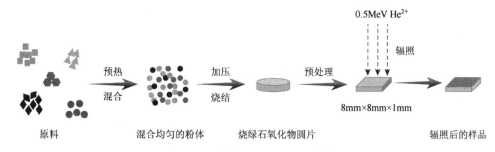

图 6.22　制样及辐照过程示意图

利用中国科学院近代物理研究所 320kV 高压平台展开重离子辐照实验。在室温下，垂直 90°对样品表面进行 1.5MeV Xe^{20+}辐照。为了估计辐照损伤，采用 SRIM 模拟计算固溶度（质量分数）为 65%的模拟 TRPO-2 废物固化体在 1.5MeV Xe^{20+}辐照下的辐照行为。结果如图 6.23（a）所示，在样品中 Xe^{20+}的计算穿透深度大概为 0.5μm，根据图 6.23（b）可知，在辐照剂量为 1×10^{15}ions/cm^2 时粒子辐照损伤的分布为 3.14 个/(Å×ion)。因此，本节重离子辐照剂量采用 $1\times10^{12}\sim1\times10^{15}$ions/cm^2。

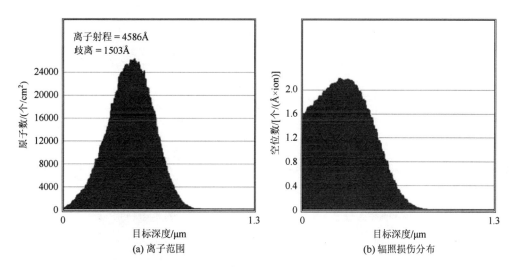

图 6.23　SRIM 模拟 TRPO-2 废物固化体经 Xe^{20+}辐照后（1.5MeV、$1\times10^{12}\sim1\times10^{15}$ions/cm^2）的离子范围和辐照损伤分布图

6.2.4　固化体的 α 辐照效应

借助 X 射线衍射仪（X'Per PRO，PANalytical B.V.，荷兰）对辐照前后样品的相结构进行表征，仪器工作条件为：CuKα 辐射（$\lambda=1.5406$Å），扫描 2θ 为 10°~80°，扫描速率为 2°/min。在 X 射线衍射仪上表征样品的 GIXRD 图，工作条件为：CuKα 辐射，扫描步长为 0.02°，扫描范围为 10°~80°。此外，为了更好地了解从表层到最大离子穿透深度（SRIM 计算的 1.37μm 左右）之间样品的结构变化，选择不同的掠入射角（$\gamma=0.5$°、1.0°、1.5°、2.0°、6.0°）在不同深度（$d\approx0.11$μm、0.22μm、0.34μm、0.44μm、1.37μm）探测相应的结构信息。

在 $100\sim800\text{cm}^{-1}$ 内,用激光拉曼光谱仪(inVia,Renishaw,英国)记录样品的拉曼光谱。此外,用 FESEM(Ultra55,Carl Zeiss AG,德国)观察辐照样品的微观形貌,还利用附在 SEM 设备上的 EDX 分析辐照后样品的元素分布。

1. 固化体的物相变化

通过图 6.24(a)在 $14°(111)$、$28°(311)$、$37°(331)$ 和 $45°(511)$ 处所观察到的超晶格峰,表明烧结后的模拟 TRPO-2 废物固化体表现为烧绿石结构[16]。图 6.24(b)为模拟 TRPO-2 废物固化体在辐照前与经辐照剂量为 $1\times10^{15}\sim1\times10^{17}\text{ions/cm}^2$ 的 He^{2+} 辐照后($\gamma=0.5°$)所得样品的 GIXRD 图谱。从图中可以看出,位于(111)、(200)、(220)和(311)处的主要衍射峰强度随着辐照剂量的增加而逐渐宽化。同时,这些主衍射峰随着辐照剂量的增大存在向低 2θ 方向偏移的趋势,表明固化体在辐照过程中存在一定的晶格膨胀。同时,辐照后的样品的超晶格峰的消失表明固化体由烧绿石结构转变为萤石结构。Sickafus 等[16]研究发现,当阳离子和阴离子具有较高的无序度时,烧绿石型氧化物能够表现出较好的抗辐照性。因此,在相同的辐照环境中,具有缺陷的萤石结构比烧绿石结构更加稳定[35-37]。

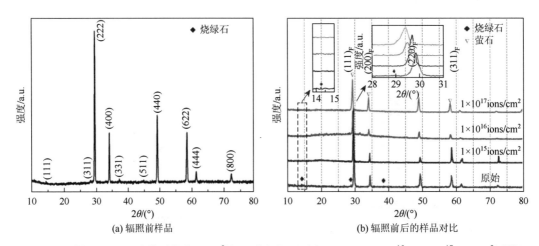

图 6.24　模拟 TRPO-2 废物固化体经 He^{2+} 辐照前与辐照后(0.5MeV、$1\times10^{15}\sim1\times10^{17}\text{ions/cm}^2$)所得 GIXRD 曲线($\gamma=0.5°$)

为了探讨不同离子穿透深度对模拟 TRPO-2 废物形态的辐照损伤,利用 GIXRD 研究在不同探测深度经最大辐照剂量下($1\times10^{17}\text{ions/cm}^2$)辐照后对模拟 TRPO-2 废物所造成的辐照损伤。通过控制 X 射线的掠入角($\gamma=0.5°$、$1.0°$、$1.5°$、$2.0°$、$6.0°$)来控制探测深度,结果如图 6.25 所示。从图中可以看出,随着探测深度的不断增加,固化体的 GIXRD 主要衍射峰的强度在不断增强,这可能表明辐照表面的离子通道受到了较为明显的辐照损伤,并且随着探测深度的增加,损伤程度逐渐减小。

2. 固化体的微观结构变化

在大多数情况下,XRD 分析对长周期有序性较为敏感,而拉曼光谱则对区域的有序性较为敏感。此外,拉曼光谱对氧原子极化率和局部配位也较为敏感。因此,结合这两

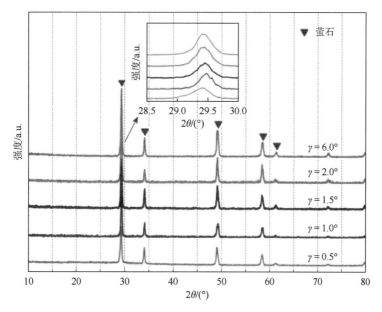

图 6.25 模拟 TRPO-2 废物固化体经 He^{2+} 辐照后($0.5MeV$、$1\times10^{17}ions/cm^2$)所得 GIXRD 曲线
($\gamma=0.5°\sim6.0°$)

种方法可以得到更为详细的样品结构信息。模拟 TRPO-2 废物固化体辐照前后的拉曼光谱如图 6.26 所示,拉曼频率的分配如表 6.10 所示[38-41]。从图中可以观察到辐照前样品出现了四种拉曼振动模式,即约 $248cm^{-1}$(F_{2g})、约 $334cm^{-1}$(E_g)、约 $418cm^{-1}$(F_{2g})和约 $550cm^{-1}$(A_{1g})。经辐照后固化体的拉曼光谱中仅能观察到三个较宽的峰,在约 $376cm^{-1}$ 处

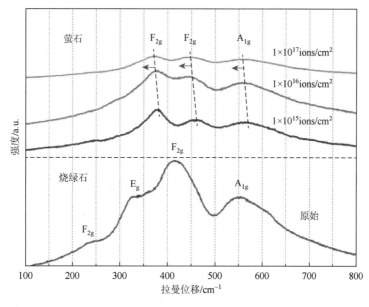

图 6.26 模拟 TRPO-2 废物固化体经 He^{2+} 辐照前与辐照后($0.5MeV$、$1\times10^{15}\sim1\times10^{17}ions/cm^2$)所得
拉曼光谱图

峰值为 F_{2g} 振动模式,在约 453cm^{-1} 处峰值为 F_{2g} 振动模式,在约 557cm^{-1} 处的最后一个峰值与 A_{1g} 振动模式有关。

表 6.10　拉曼频率的分配情况

辐照前拉曼频率/cm^{-1}	辐照后拉曼频率/cm^{-1}			分配
	1×10^{15}ions/cm^2	1×10^{16}ions/cm^2	1×10^{17}ions/cm^2	
248	—	—	—	F_{2g}
334	380	376	372	E_g
418				F_{2g}
—	460	453	447	F_{2g}
550	561	557	554	A_{1g}
—	—	—	—	F_{2g}

　　从拉曼光谱中可以推导出以下几点。首先,从峰值分布开始,样品与相同体系的萤石样品(掺杂元素种类相同,掺杂含量较高)一致[42]。其次,随着辐照剂量的进一步增强,拉曼光谱中峰的变化较小,说明萤石样品在辐照下比烧绿石样品更稳定。然而,随着波数的增加,拉曼光谱的主峰向着低波数的方向发生了偏移。在拉曼光谱中,线偏移主要是材料声子形变势引起的,它对应于振动频率的变化。当晶体受到应力时,晶格光子的频率会受到微妙的影响,从而导致晶格内振动频率发生微小的变化[43],因此拉曼光谱的位置偏移可能是由辐照过程中的内部应力引起的。

　　3. 固化体的微观形貌变化

　　图 6.27(a)和(b)～(d)分别为辐照前以及经辐照剂量为 1×10^{15}～1×10^{17}ions/cm^2,0.5MeV 的 He^{2+} 辐照后固化体的 SEM 图片。在图 6.27(a)中可以发现,辐照前样品表面的平均晶粒尺寸为 5～10μm。同时,从图 6.27(b)～(d)可以看出,辐照后样品的晶粒呈圆形,晶粒在原始微观形貌中的边界清晰。此外,Mo、Ru、Pd 等典型元素在辐照表面的元素分布图如图 6.28 所示。从图中可以看出,各元素分布均匀,在样品的辐照表面没有发现元素团聚的现象。

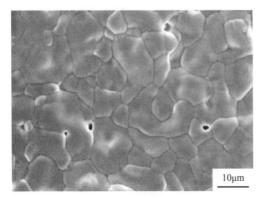

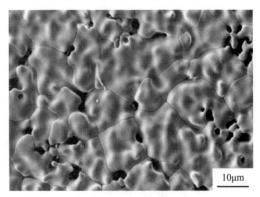

(a) 辐照前　　　　　　　　　　　　　　　　(b) 辐照剂量为1×10^{15}ions/cm^2

(c) 辐照剂量为 1×10^{16} ions/cm^2 (d) 辐照剂量为 1×10^{17} ions/cm^2

图 6.27 模拟 TRPO-2 废物固化体经 He^{2+} 辐照前与辐照后（0.5MeV、$1\times10^{15}\sim1\times10^{17}$ ions/cm^2）所得 SEM 图

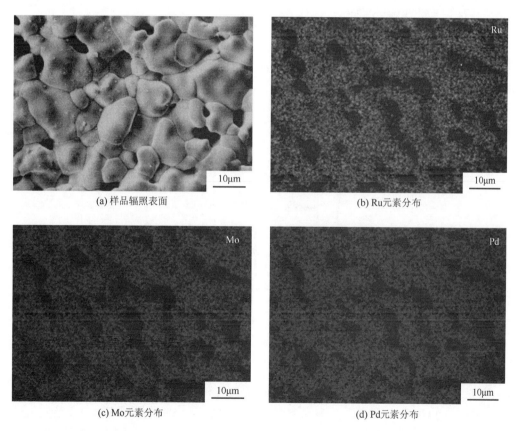

(a) 样品辐照表面   (b) Ru 元素分布

(c) Mo 元素分布   (d) Pd 元素分布

图 6.28 模拟 TRPO-2 废物固化体经 He^{2+} 辐照后（0.5MeV、1×10^{17} ions/cm^2）所得 EDX 图

6.2.5 固化体的重离子辐照效应

采用 X 射线衍射仪（X'Pert PRO，PANalytical B.V.，荷兰）表征辐照前后样品的相结构，工作条件如下：采用 CuKα 辐射（$\lambda=1.5406$Å），功率为 2.2kW，2θ 为 10°～90°，扫描速

率为 2°/min。利用带 CuKα 辐射的 X 射线衍射仪，利用 GIXRD 对晶体结构进行分析，扫描步长为 0.02°，扫描范围为 10°～80°。GIXRD 的掠入射角分别为 0.5°、1.0°、1.5°和 2.0°，并用临界角模型计算相应的 X 射线穿透深度[23, 31]。在 100～800cm^{-1} 内，采用激光拉曼光谱仪(inVia，Renishaw，英国)进行拉曼光谱分析。用 FESEM(Ultra55，Carl Zeiss AG，德国)对样品的表面形貌进行表征，并采用 HRTEM 观察经重离子辐照后样品的微观结构。

1. 固化体的物相变化

图 6.29 为辐照前样品的 XRD 图谱。从图中可看出，原始固溶度(质量分数)为 35%的模拟 TRPO-2 废物固化体样品中在 14°(111)、28°(311)、37°(331)和 45°(511)位置存在超晶格峰，表明原始样品为烧绿石结构。然而，超晶格峰的强度较弱，这是因为在固溶度(质量分数)为 35%时样品会由烧绿石结构转变为萤石结构[8]。当固溶度(质量分数)超过 35%时，样品则出现具有缺陷的萤石结构，这与原始固溶度(质量分数)为 65%的模拟 TRPO-2 废物固化体样品的 XRD 分析结果保持一致。

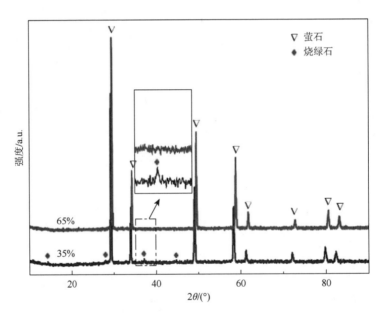

图 6.29　不同固溶度(质量分数，分别为 35%和 65%)模拟 TRPO-2 废物固化体的 XRD 图谱

图 6.30 为不同固溶度(质量分数，分别为 35%和 65%)模拟 TRPO-2 废物固化体辐照前后样品的 GIXRD 图谱。其中固溶度(质量分数)为 35%的模拟 TRPO-2 废物固化体的 GIXRD 图谱如图 6.30(a)所示，结果表明：在辐照前样品中可观察到超晶格峰，经过不同辐照剂量辐照后的样品超晶格峰消失，而表现为具有缺陷的萤石结构。此外，样品在经最大辐照剂量(1×10^{15}ions/cm^2)辐照后依旧保持萤石结构。图 6.30(a)还显示了固溶度(质量分数)为 35%的模拟 TRPO-2 废物固化体样品部分放大的 GIXRD 图谱(28°～31°)。结果表明，随着辐照剂量的增加，样品的衍射峰向低 2θ 方向发生了轻微的偏移，这表明辐照引起样品内部轻微的肿胀。

图 6.30(b) 为辐照前固溶度(质量分数)为 65% 的模拟 TRPO-2 废物固化体样品以及经辐照后所得样品的 GIXRD 图谱。结果表明：辐照后的样品均呈现单一的具有缺陷的萤石结构。即使在最大辐照剂量为 1×10^{15} ions/cm^2 时，样品也没有发生明显的相转变。

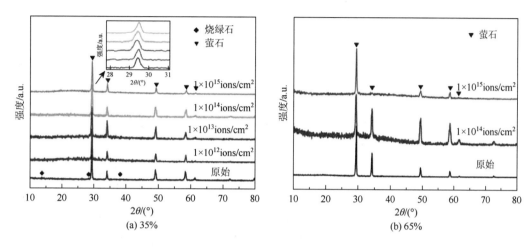

图 6.30　不同固溶度模拟 TRPO-2 废物固化体辐照前与经 Xe^{20+} 辐照后(1.5MeV、$1 \times 10^{12} \sim$
1×10^{15} ions/cm^2)所得 GIXRD 曲线($\gamma = 0.5°$)

综上所述，固溶度(质量分数)为 35% 的模拟 TRPO-2 废物固化体经 Xe^{20+} 辐照后，辐照诱导固化体从烧绿石结构转变为具有缺陷的萤石结构。根据 Sicafus 等[34]的研究，烧绿石固化体具有较好的抗辐照性是因为阴离子和阳离子表现出较高的无序度。因此，在辐照环境下具有缺陷的萤石结构比烧绿石结构具有更高的稳定性。同时，为了研究不同化学成分对样品辐照响应的差异，进一步比较分析不同固溶度的模拟 TRPO-2 废物固化体在辐照剂量为 1×10^{15} ions/cm^2 下的辐照效应。从图 6.31 中可以看出，固溶度越大，主衍射峰的强度越低，这说明随着掺杂量的增加，样品的抗辐照性降低。这与烧绿石的抗辐照性与化合物的化学成分高度相关的观点是一致的[34]。

固化体的化学组成也是 GIXRD 测量的影响因素之一。图 6.32 为不同固溶度的模拟 TRPO-2 废物固化体样品的 X 射线掠入射角与测量深度的关系[23, 31]。从图中可以发现，在讨论的角度范围内，随着固溶度的增加，测量深度比其他样品减小 200nm 左右，这种深度差随着掠入射角的增大而增大。此外，根据重离子辐照 SRIM 模拟结果(图 6.23)，在掠入射角为 2.0° 时的实际测量深度接近样本中估计的损伤射程(约 0.5μm)。

为了研究辐照效应随 X 射线深度的变化，采用不同的 X 射线掠入射角($\gamma = 0.5°$、1.0°、1.5°、2.0°)对辐照后的样品进行表征。图 6.33 为固溶度(质量分数)为 65% 的模拟 TRPO-2 废物固化体在辐照剂量为 1×10^{15} ions/cm^2 辐照后的 GIXRD 图。结果表明，随着 X 射线掠入射角的增大，主衍射峰的强度逐渐增大。掠入射角较小时，主要从样品的浅层表面采集数据。因此，在较大的掠入射角条件下，较小强度衍射峰持续强化，这是因为 X 射线对材料的穿透深度越深则越容易采集到更加全面的数据。

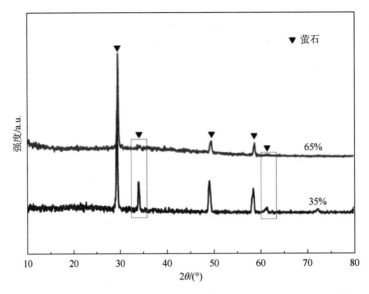

图 6.31　不同固溶度模拟 TRPO-2 废物固化体经 Xe^{20+}辐照后（1.5MeV、1×10^{15}ions/cm^2）所得 GIXRD 曲线（$\gamma = 0.5°$）

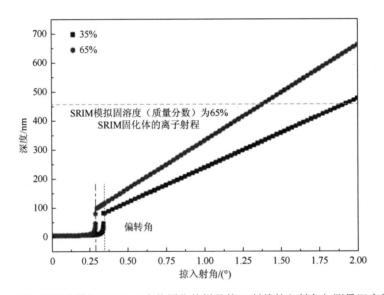

图 6.32　不同固溶度模拟 TRPO-2 废物固化体样品的 X 射线掠入射角与测量深度的关系

　　图 6.33 右侧为主峰的局部放大图，从图中可以观察到，随着掠入射角的增大，主衍射峰向着 2θ 更小的方向发生偏移。在此过程中可以看出晶面的应变不同以及 GIXRD 峰的偏移。更明显的是，当材料受到辐照后，晶格内部发生肿胀，从而改变了 $\langle hkl\rangle$ 晶格平面间的间距。此外，d 的诱导变化也会引起衍射图样的偏移。

2. 固化体的微观结构变化

　　考虑到关于模拟 TRPO-2 废物固化体的辐照诱导相变的 GIXRD 结果，本节继续对辐照

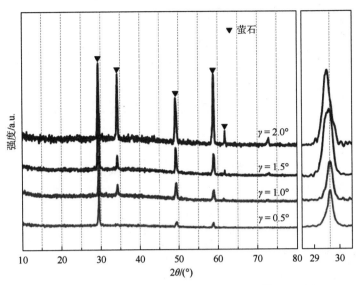

图 6.33　固溶度(质量分数)为 65%的模拟 TRPO-2 废物固化体经 Xe^{20+}辐照后(1.5MeV、1×10^{15}ions/cm^2)
所得 GIXRD 曲线(γ = 0.5°～2.0°)

前后固溶度(质量分数)为 35%的模拟 TRPO-2 废物固化体(辐照范围为 100～800cm^{-1})的
拉曼光谱进行研究。如图 6.34 所示，固化体中存在六种拉曼谱带，其中有四种出现在辐照
前的烧绿石样品中，这四种分别位于 248cm^{-1}(F_{2g})、335cm^{-1}(E_g)、428cm^{-1}(F_{2g}) 和
550cm^{-1}(A_{1g}) 附近[44]。经过重离子辐照后，在 F_{2g}(约 248cm^{-1}) 处的峰消失，在 E_g(约 335cm^{-1})
处的峰被隐藏在背景中并且在 F_{2g}(约 450cm^{-1}) 处形成了新的波段，但是 A_{1g} 振动模式保持
得很好。这些宽峰通常出现在高度无序的烧绿石结构中[42]。

　　如图 6.34 所示，固化体在经重离子辐照后，拉曼光谱各吸收峰的强度明显减弱，并

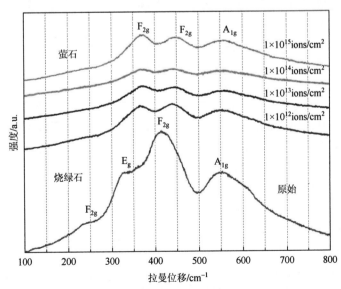

图 6.34　固溶度(质量分数)为 35%的模拟 TRPO-2 废物固化体经 Xe^{20+}辐照后(1.5MeV、1×10^{12}～
1×10^{15}ions/cm^2)所得拉曼光谱图

且吸收峰存在蓝移现象。此外，随着辐照剂量的进一步增强，这些峰几乎不发生变化。在初始阶段峰的弱化表明结构的有序度逐渐降低。结合 GIXRD 的分析结论，可以推断出辐照使得模拟 TRPO-2 废物固化体由烧绿石结构转变为萤石结构。另外，在辐照过程中，晶格光子的频率会受到微妙的影响，导致振动频率有轻微的变化[43,45]，因此观察到的拉曼振动峰发生了偏移。这与 GIXRD 的辐照使得晶格肿胀的结果一致。

3. 固化体的微观形貌变化

固溶度（质量分数）为 65% 的模拟 TRPO-2 废物固化体辐照前后的微观形貌如图 6.35（a）和（b）所示。从图中可以看出，辐照前样品的晶界清晰、形状不规则，辐照后样品晶粒形状和晶界变化不大。这两个样品的平均晶粒尺寸为 5~15μm。此外，典型元素 Gd、Zr、Mo、Pd、Ru 在固化体辐照表面的分布如图 6.36 所示。所有元素均均匀分布于辐照样品的表面，未见元素聚集现象。此外，元素分布图中的大部分空洞与 SEM 图像并不对应，这是样品表面不均匀，使得低洼地区无法采集到元素信息所致。

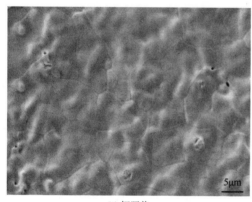 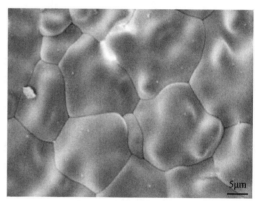

(a) 辐照前　　　　　　　　　　　　　　　　　　(b) 辐照后

图 6.35　固溶度（质量分数）为 65% 的模拟 TRPO-2 废物固化体经 Xe^{20+} 辐照后（1.5MeV、$1×10^{15}$ions/cm²）所得 SEM 图片

如图 6.37 所示，对固溶度（质量分数）为 65% 的模拟 TRPO-2 废物固化体辐照前样品及经 Xe^{20+} 辐照后（$1×10^{15}$ions/cm²）的样品展开进一步的研究。通过 HRTEM 和 FFT 分析（对应于整个观测面积），可以知道辐照前样品原子排列具有理想的周期性和良好的均匀性，如图 6.37（a）所示。从图 6.37（b）中可以区分出两个区域，部分观察区域原子层排列有序，两层晶体之间的距离约为 0.284nm，然而另一部分区域的原子排序几乎不可见。从图中观察到两个区域之间有清晰的边界，这代表不同辐照损伤程度区域的边界。FFT 分析可以知道两个区域的晶体结构和非晶体结构。

SAED 分析表明，辐照区域的晶体具有缺陷的萤石结构，晶格指数如图 6.37（c）所示。这与 GIXRD 的分析结论相符合。此外，辐照诱导的相变也在其他类似的烧绿石的化合物中有所表现[14]。另外，图 6.37（d）中的 SAED 图反映出固化体经重离子辐照后出现较为严重破坏区域，该区域表现出明显的非晶态结构，且晶态特征较少。虽然 GIXRD 和拉曼光

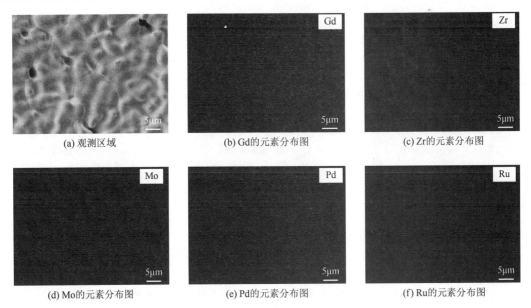

图 6.36　固溶度（质量分数）为 65% 的模拟 TRPO-2 废物固化体经 Xe^{20+} 辐照后（1.5MeV、1×10^{15}ions/cm^2）所得 EDX 图片

谱都没有观察到明显的晶态到非晶态的转变，但两者都较为强烈地表明模拟 TRPO-2 废物固溶度最高的样品在最大辐照剂量下会变成非晶态。

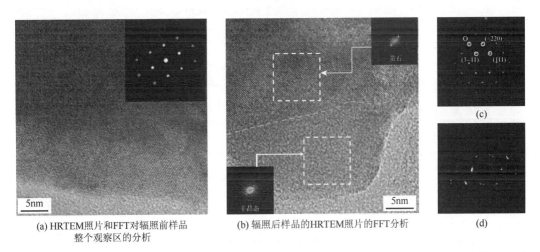

(a) HRTEM照片和FFT对辐照前样品　　(b) 辐照后样品的HRTEM照片的FFT分析　　(d)
　　整个观察区的分析

图 6.37　固溶度（质量分数）为 65% 的 TRPO-2 固化体经 Xe^{20+} 辐照前与辐照后（1.5MeV、1×10^{15}ions/cm^2）所得 TEM 图片

参 考 文 献

[1]　卢喜瑞，董发勤，段涛，等. 钆锆烧绿石固化锕系核素机理及稳定性[M]. 北京: 科学出版社, 2016: 116-142.

[2]　Lu X R, Ding Y, Dan H, et al. High capacity immobilization of TRPO waste by Gd$_2$Zr$_2$O$_7$ pyrochlore[J]. Materials Letters, 2014, 136: 1-3.

[3]　Fan L, Shu X Y, Lu X R, et al. Phase structure and aqueous stability of TRPO waste incorporation into $Gd_2Zr_2O_7$ pyrochlore[J]. Ceramics International, 2015, 41(9): 11741.

[4]　苏思瑾. 模拟双核素放射性废物的钆锆烧绿石固化及稳定性研究[D]. 绵阳: 西南科技大学, 2015: 58-65.

[5]　Egeland G W, Valdez J A, Maloy S A, et al. Heavy-ion irradiation defect accumulation in ZrN characterized by TEM, GIXRD, nanoindentation, and helium desorption[J]. Journal of Nuclear Materials, 2013, 435(1): 77-87.

[6]　Gregg D J, Zhang Y J, Middleburgh S C, et al. The incorporation of plutonium in lanthanum zirconate pyrochlore[J]. Journal of Nuclear Materials, 2013, 443(1): 444-451.

[7]　Zhang Z M, Middleburgh S C, Reyes M D L, et al. Gradual structural evolution from pyrochlore to defect-fluorite in $Y_2Sn_{2-x}Zr_xO_7$: Average versus local structure[J]. Journal of Physical Chemistry C, 2013, 117(1): 26740-26749.

[8]　Fan L, Shu X Y, Ding Y, et al. Fabrication and phase transition of $Gd_2Zr_2O_7$ ceramics immobilized various simulated radionuclides[J]. Journal of Nuclear Materials, 2015, 456(1): 467-470.

[9]　Wu J, Wei X Z, Padture N P, et al. Low-thermal-conductivity rare-earth zirconates for potential thermal-barrier-coating applications[J]. Journal of American Ceramic Society, 2002, 85(5): 3031-3035.

[10]　Ubizskii S B, Matkovskii A O, Mironova-Ulmane N, et al. Displacement defect formation in complex oxide crystals under irradiation[J]. Physica Status Solidi A, 2000, 177(2): 349-366.

[11]　Sattonnay G, Moll S, Thome L, et al. Effect of composition on the behavior of pyrochlores irradiated with swift heavy ions[J]. Nuclear Instruments and Methods in Physics Research Section B: Beam Interactions with Materials and Atoms, 2012, 272(2): 261-265.

[12]　Li Y H, Wang Y Q, Valdez J A, et al. Swelling effects in $Y_2Ti_2O_7$ pyrochlore irradiated with 400keV Ne^{2+}ions[J]. Nuclear Instruments and Methods in Physics Research Section B: Beam Interactions with Materials and Atoms, 2012, 274(1): 182-187.

[13]　Park S, Lang M, Tracy C L, et al. Swift heavy ion irradiation-induced amorphization of $La_2Ti_2O_7$[J]. Nuclear Instruments and Methods in Physics Research Section B: Beam Interactions with Materials and Atoms, 2014, 326(3): 145-149.

[14]　Sattonnay G, Sellami N, Thome L, et al. Structural stability of $Nd_2Zr_2O_7$ pyrochlore ion-irradiated in a broad energy range[J]. Acta Materialia, 2013, 61(3): 6492-6505.

[15]　Li Y H, Wang Y Q, Xu C P, et al. Microstructural evolution of the pyrochlore compound $Er_2Ti_2O_7$ induced by light ion irradiations[J]. Nuclear Instruments and Methods in Physics Research Section B: Beam Interactions with Materials and Atoms, 2012, 286(8): 218-222.

[16]　Sickafus K E, Grimes R W, Valdez J A, et al. Radiation-induced amorphization resistance and radiation tolerance in structurally related oxides[J]. Nature Materials, 2007, 6(5): 217-223.

[17]　Begg B D, Hess N J, McCready D E, et al. Heavy-ion irradiation effects in $Gd_2(Ti_{2-x}Zr_x)O_7$[J]. Journal of Nuclear Materials, 2001, 289(1): 188-193.

[18]　Lang M, Zhang F X, Ewing R C. Structural modifications of $Gd_2Zr_{2-x}Ti_xO_7$ pyrochlore induced by swift heavy ions: Disordering and amorphization[J]. Journal of Materials Research, 2009, 24(9): 1322-1334.

[19]　Patel M K, Vijayakumar V, Avasthi D K, et al. Effect of swift heavy ion irradiation in pyrochlores[J]. Nuclear Instruments and Methods in Physics Research Section B: Beam Interactions with Materials and Atoms, 2008, 266(2): 2898-2901.

[20]　Glerup M, Nielsen O F, Poulsen F W. The structural transformation from the pyrochlore structure, $A_2B_2O_7$, to the fluorite structure, AO_2, studied by Raman spectroscopy and defect chemistry modeling[J]. Journal of Solid State Chemistry, 2001, 160(1): 25-32.

[21]　Sickafus K E, Minervini L, Grimes R W, et al. Radiation tolerance of complex oxides[J]. Science, 2000, 289(3): 748-751.

[22]　Li Y H, Uberuaga B P, Jiang C, et al. Role of antisite disorder on preamorphization swelling in titanate pyrochlore[J]. Physical Review B, 2012, 108(3): 195-199.

[23]　Rafaja D, Valvoda V, Perry A J, et al. Depth profile of residual stress in metal-ion implanted TiN coatings[J]. Surface and Coatings Technology, 1997, 92(1): 130-135.

[24]　Cullity B D. Elements of X-Ray Diffraction[M]. Upper Saddle River: Addison-Wesley Pub.Co., 1956.

[25]　Shu X, Fan L, Xie Y, et al. Alpha-particle irradiation effects on uranium-bearing $Gd_2Zr_2O_7$ ceramics for nuclear waste forms[J]. Journal of the European Ceramic Society, 2017, 37(2): 779-785.

[26]　Zhang F X, Wang J W, Lian J, et al. Phase stability and pressure dependence of defect formation in $Gd_2Ti_2O_7$ and $Gd_2Zr_2O_7$ pyrochlores[J]. Physical Review Letters, 2008, 100(4): 045503.

[27]　Kong L, Zhang Y, Karatchevtseva I, et al. Synthesis and characterization of $Nd_2Sn_xZr_{2-x}O_7$ pyrochlore ceramics[J]. Ceramics International, 2014, 40(1): 651-657.

[28]　Shu X Y, Fan L, Lu X Y, et al. Structure and performance evolution of the system $(Gd_{1-x}Nd_x)2(Zr_{1-y}Ce_y)_2O_7(0{\leqslant}x, y{\leqslant}1.0)$[J]. Journal of the European Ceramic Society, 2015, 35(11): 3095-3102.

[29]　Kong L, Karatchevtseva I, Blackford M G, et al. Aqueous chemical synthesis of $Ln_2Sn_2O_7$ pyrochlore-structured ceramics[J]. Journal of the American Ceramic Society, 2013, 96(9): 2994-3000.

[30]　Chen S Z, Shu X Y, Wang L, et al. Effects of alpha irradiation on $Nd_2Zr_2O_7$, matrix for nuclear waste forms[J]. Journal of Australia Ceramic Society, 2018, 54(3): 33-38.

[31]　Ziegler J F, Biersack J P. The Stopping and Range of Ions in Matter[M]//Bromley DA. Treatise on Heavy-Ion Science. Berlin: Springer, 1985: 93-129.

[32]　Stoller R E, Toloczko M B, Was G S, et al. On the use of SRIM for computing radiation damage exposure[J]. Nuclear Instruments and Methods in Physics Research Section B: Beam Interactions with Materials and Atoms, 2013, 310(1): 75-80.

[33]　Yang D, Xia Y, Wen J, et al. Role of ion species in radiation effects of $Lu_2Ti_2O_7$ pyrochlore[J]. Journal of Alloys and Compounds, 2017, 693(3): 565-572.

[34]　Sickus K E, Grimes R W, Valdez J A, et al. Radiation-induced amorphization resistance and radiation tolerance in structurally related oxides[J]. Nature Materials, 2007, 6(3): 217-223.

[35]　Taylor C A, Patel M K, Aguiar J A, et al. Bubble formation and lattice parameter changes resulting from He irradiation of defect-fluorite $Gd_2Zr_2O_7$[J]. Acta materialia, 2016, 115(7): 115-122.

[36]　Soulié A, Menut D, Crocombette J P, et al. X-ray diffraction study of the $Y_2Ti_2O_7$ pyrochlore disordering sequence under irradiation[J]. Journal of Nuclear Materials, 2016, 480(2): 314-322.

[37]　Whittle K R, Blackford M G, Aughterson R D, et al. Ion irradiation of novel yttrium/ytterbium-based pyrochlores: The effect of disorder[J]. Acta Materialia, 2011, 59(20): 7530-7537.

[38]　Mandal B P, Banerji A, Sathe V, et al. Order-disorder transition in $Nd_{2-y}Gd_yZr_2O_7$ pyrochlore solid solution: An X-ray diffraction and Raman spectroscopic study[J]. Journal of Solid State Chemistry, 2007, 180(10): 2643-2648.

[39]　Kong L, Karatchevtseva I, Gregg D J, et al. $Gd_2Zr_2O_7$, and $Nd_2Zr_2O_7$ pyrochlore prepared by aqueous chemical synthesis[J]. Journal of the European Ceramic Society, 2013, 33(15/16): 3273-3285.

[40]　Mandal B P, Pandey M, Tyagi A K. $Gd_2Zr_2O_7$, pyrochlore: Potential host matrix for some constituents of thoria based reactor's waste[J]. Journal of Nuclear Materials, 2010, 406(2): 238-243.

[41]　Brown S, Gupta H C, Alonso J A, et al. Vibrational spectra and force field calculation of $A_2Mn_2O_7$($A = Y$, Dy, Er, Yb) pyrochlores[J]. Journal of Raman Spectroscopy, 2003, 34(3): 240-243.

[42]　Shu X Y, Fan L, Hou C X, et al. Microstructure and performance studies of (Mo, Ru, Pd, Zr) tetra-doped gadolinium zirconate pyrochlore[J]. Advances in Applied Ceramics, 2017, 116(5): 272-277.

[43]　Krishna R, Jones A N, Edge R, et al. Residual stress measurements in polycrystalline graphite with micro-Raman spectroscopy[J]. Radiation Physics and Chemistry, 111(2): 14-23.

[44]　Zhao M, Ren X R, Pan W. Mechanical and thermal properties of simultaneously substituted pyrochlore compounds $(Ca_2Nb_2O_7)_x(Gd_2Zr_2O_7)_{1-x}$[J]. Journal of the European Ceramic Society, 2015, 35(2): 1055-1061.

[45]　McNamara D, Alveen P, Damm S, et al. A Raman spectroscopy investigation into the influence of thermal treatments on the residual stress of polycrystalline diamond[J]. Journal of Raman Spectroscopy, 2015, 52(2): 114-122.

第7章 钆锆烧绿石 U_3O_8 固化体的辐照效应

卢喜瑞所在课题组[1]曾以拥有混合价态的典型锕系核素氧化物 U_3O_8 为固化处理对象,根据价态相符、离子半径相近及核外电子轨道近似等原理,将 U_3O_8 中的 U^{6+}($r = 0.86$Å)和 U^{4+}($r = 0.89$Å)分别设计占位钆锆烧绿石中 Gd^{3+}($r = 1.05$Å)和 Zr^{4+}($r = 0.72$Å)的晶格位。基于之前的研究,本章制备$(Gd_{1-4x}U_{2x})_2(Zr_{1-x}U_x)_2O_7$($x = 0$、0.1、0.14)陶瓷样品,并研究钆锆烧绿石 U_3O_8 固化体的辐照效应。

7.1 固化体的配方设计与烧结

本章采用传统的高温固相法制备$(Gd_{1-4x}U_{2x})_2(Zr_{1-x}U_x)_2O_7$($x = 0$、0.1、0.14)系列固化体。基于卢喜瑞所在课题组[1]之前的研究,$x = 0.14$ 是这个体系中单相溶解度的极限。根据化学式$(Gd_{1-4x}U_{2x})_2(Zr_{1-x}U_x)_2O_7$($x = 0$、0.1、0.14)分别计算出在钆锆烧绿石 U_3O_8 固化体制备过程中所需要氧化钆(Gd_2O_3)、氧化锆(ZrO_2)和八氧化三铀(U_3O_8)粉体的原料添加量,$(Gd_{1-4x}U_{2x})_2(Zr_{1-x}U_x)_2O_7$($x = 0$、0.1、0.14)系列固化体中各氧化物原料添加量见表 7.1。

表 7.1　$(Gd_{1-4x}U_{2x})_2(Zr_{1-x}U_x)_2O_7$($x = 0$、0.1、0.14)系列固化体原料配方

U 在 B 位取代量	Gd_2O_3 添加量/g	ZrO_2 添加量/g	U_3O_8 添加量/g
0	0.5954	0.4046	0
0.1	0.3580	0.3650	0.2771
0.14	0.2627	0.3490	0.3883

制备$(Gd_{1-4x}U_{2x})_2(Zr_{1-x}U_x)_2O_7$($x = 0$、0.1、0.14)系列固化体所用的原料为 AR 级的 Gd_2O_3、ZrO_2 和 U_3O_8 粉体。先将原料 Gd_2O_3、ZrO_2 及 U_3O_8 置入电热恒温鼓风干燥箱中,在 90℃条件下干燥 24h 以去除水分,并根据计算所得的原料配方(表 7.1),利用电子分析天平精确称取原料,再将其放入玛瑙研钵中,加入适量无水乙醇进行研磨,使其细化、混匀。将处理后的样品置于直径为 12mm 的模具内,并用粉末压片机在 10MPa 的压力下将其压制成圆片。最后,在大气压下,将压制成型的样品采用烧结技术在 1500℃高温烧结 48h 从而得到紧致的$(Gd_{1-4x}U_{2x})_2(Zr_{1-x}U_x)_2O_7$($x = 0$、0.1、0.14)系列固化体。更多的制备细节参照卢喜瑞所在课题组[2]之前的工作。固化体制备过程中所需的原料及试剂见表 7.2,所涉及的相关仪器见表 7.3,烧结所得$(Gd_{1-4x}U_{2x})_2(Zr_{1-x}U_x)_2O_7$($x = 0$、0.1、0.14)系列固化体样品照片见图 7.1。通过图 7.1 可发现,所制备钆锆烧绿石固化体的颜色随着 U_3O_8 掺杂量的增加而逐渐加深。

表 7.2　制备 $(Gd_{1-4x}U_{2x})_2(Zr_{1-x}U_x)_2O_7(x=0、0.1、0.14)$ 系列固化体所需原料及试剂

名称	分子式	规格	生产厂家	备注
氧化钆	Gd_2O_3	AR	阿拉丁试剂(上海)有限公司	原料
氧化锆	ZrO_2	AR	成都市科龙化工试剂厂	原料
八氧化三铀	U_3O_8	AR	天津市科密欧化学试剂有限公司	原料
无水乙醇	CH_3CH_2OH	AR	成都市科龙化工试剂厂	辅助试剂

表 7.3　制备 $(Gd_{1-4x}U_{2x})_2(Zr_{1-x}U_x)_2O_7(x=0、0.1、0.14)$ 系列固化体相关设备仪器

仪器名称	型号	生产厂家
电子分析天平	FA2004B	上海佑科仪器仪表有限公司
电热恒温鼓风干燥箱	DHG-9053A	上海浦东荣丰科学仪器有限公司
粉末压片机	769YD-24B	天津市科器高新技术公司
高温马弗炉	KSS-1700	湘潭市三星仪器有限公司
数控超声波清洗器	KQ-100DE	昆山超声仪器有限公司
优普超纯水机	UPT-II-60L	上海优普实业有限公司

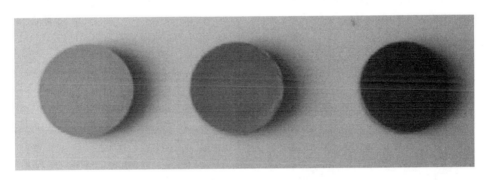

图 7.1　$(Gd_{1-4x}U_{2x})_2(Zr_{1-x}U_x)_2O_7(x=0、0.1、0.14)$ 系列固化体样品照片

从左至右分别为 $x=0$、$x=0.1$ 和 $x=0.14$ 的固化体样品照片

7.2　固化体的辐照实验

7.2.1　固化体的 α 辐照

　　α 辐照实验在中国科学研究院近代物理研究所 320kV 高压平台 3 号实验终端完成。实验装置图和 320kV 高压平台以及高真空终端示意图分别如图 4.3 和图 4.4 所示。α 射线从 ECRIS 引出,经过聚束器和光栅的准直,被 90° 引入支束线的束流可以通过法拉第筒来监测其流强。束流在支线上经过 X 和 Y 两个方向的光栅实现束流准直,进一步调整束斑使其进入真空靶室后与样品辐照面成约 90° 辐照。真空保持为 $10^{-9} \sim 10^{-8}$mbar。首先将制备好的样品切成小块($1.6\mathrm{cm} \times 1.7\mathrm{cm} \times 0.1\mathrm{cm}$)。采用离子积分通量率为 1.2×10^{13}ions/$(\mathrm{cm}^2 \cdot \mathrm{s})$ 的

0.5MeV 的 He^{2+}，以辐照剂量在 $1\times10^{14}\sim1\times10^{17}$ions/cm² 垂直照射样品。$(Gd_{1-4x}U_{2x})_2$ $(Zr_{1-x}U_x)_2O_7$($x=0$、0.1、0.14)固化体样品的 α 辐照参数见表 7.4。

表 7.4　$(Gd_{1-4x}U_{2x})_2(Zr_{1-x}U_x)_2O_7$($x=0$、0.1、0.14)固化体样品的 α 辐照参数

离子种类	辐照时间/s	位移损伤/dpa	辐照剂量/(ions/cm²)
0.5MeV He^{2+}	8.7	1.435	1×10^{14}
	87	14.35	1×10^{15}
	875	143.5	1×10^{16}
	8696	1435	1×10^{17}

7.2.2　固化体的重离子辐照

重离子辐照实验也是在中国科学院近代物理研究所的 320kV 高压平台上进行的。如图 7.2 所示，将需测试的样品切割为尺寸约 0.8cm×0.8cm×0.1cm 的块体。采用表 7.5 所列的辐照参数计算 1×10^{15}ions/cm² 辐照剂量下的位移损伤约为 14.35dpa[3]。以离子积分通量率为 5×10^{11}ions/(cm²·s)在 $1\times10^{12}\sim1\times10^{15}$ions/cm² 的辐照剂量内垂直地向样品表面注入 1.5MeV Xe^{20+}。

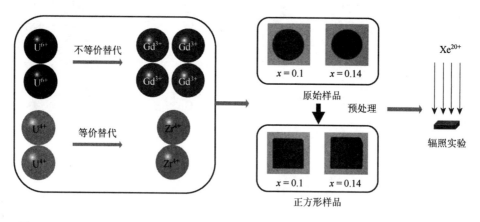

图 7.2　$(Gd_{1-4x}U_{2x})_2(Zr_{1-x}U_x)_2O_7$($x=0$、0.1、0.14)固化体样品的制备以及辐照实验过程

表 7.5　$(Gd_{1-4x}U_{2x})_2(Zr_{1-x}U_x)_2O_7$($x=0$、0.1、0.14)固化体样品的重离子辐照参数

离子种类	辐照时间/s	位移损伤/dpa	辐照剂量/(ions/cm²)
1.5MeV Xe^{20+}	5	0.01435	1×10^{12}
	44	0.1435	1×10^{13}
	435	1.435	1×10^{14}
	4350	14.35	1×10^{15}

7.3　固化体的 α 辐照效应

众所周知，在利用地质处置库对高放废物进行长期处置的过程中，自辐照对样品的影响往往是不可忽视的。它们会引起晶相中产生空位、填隙离子等形式的缺陷。自辐照会对固化体的物理和化学性能产生影响，从而严重影响固化体在地质处置库中的安全稳定性及使用性能。特殊地，对于固化体中存在的 U，会在其衰变过程中产生一定的 α 粒子，因此对所制备 $(Gd_{1-4x}U_{2x})_2(Zr_{1-x}U_x)_2O_7$ $(x = 0、0.1、0.14)$ 系列固化体 α 辐照效应的研究是至关重要的。

为弄清钆锆烧绿石 U_3O_8 固化体的 α 辐照效应，本节采用 X'Pert PRO 型 X 射线衍射仪对辐照前后样品的相结构进行表征。仪器工作条件如下：扫描范围为 10°～80°，扫描速率为 2°/min，CuKα 靶 $(\lambda = 1.5406\text{Å})$。在 X 射线衍射仪上进行 GIXRD。仪器工作条件如下：扫描范围为 10°～80°，扫描步长为 0.02°，掠入射角为 0.25°～10.0°，CuKα 靶。利用激光拉曼光谱仪 (inVia，Renishaw，英国) 对辐照样品的结构演化在 100～900cm^{-1} 内展开拉曼光谱表征。利用 FESEM (Ultra55，Carl Zeiss AG，德国) 观察辐照样品的微观结构演化。采用 EDX 进行元素分布分析。使用 TEM (Libra200FE，Carl Zeiss AG，德国) 表征辐照样品的亚显微结构。

7.3.1　固化体的物相变化

图 7.3 为一系列 $(Gd_{1-4x}U_{2x})_2(Zr_{1-x}U_x)_2O_7$ $(x = 0、0.1、0.14)$ 固化体样品的 XRD 图。所

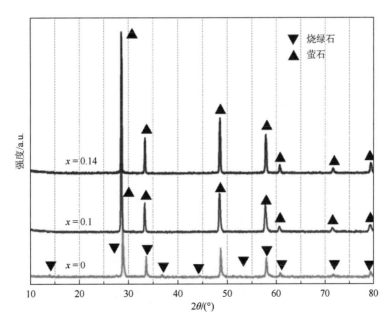

图 7.3　$(Gd_{1-4x}U_{2x})_2(Zr_{1-x}U_x)_2O_7$ $(x = 0、0.1、0.14)$ 固化体样品的 XRD 曲线

有被检测样品所出现的较为尖锐的衍射峰表明所制备的 $(Gd_{1-4x}U_{2x})_2(Zr_{1-x}U_x)_2O_7$ $(x = 0$、
0.1、0.14) 系列样品均存在有序的晶体结构。当 $x = 0$ 时，$Gd_2Zr_2O_7$ 在 2θ 为 14°(111)、
28°(311)、37°(331) 和 45°(511) 位置表现出明显的超晶格峰，这些超晶格峰的存在表明其
为烧绿石结构。而固化体中 $x = 0.1$ 和 $x = 0.14$ 时，原 $Gd_2Zr_2O_7$ 中存在的超晶格峰消失，
从而表现为具有缺陷的萤石结构。从图 7.3 中还可以发现，尽管 $Gd_2Zr_2O_7$ 中超晶格峰较弱，
但辐照前烧绿石结构在该体系中具有更多的有序性。相位差根源于 $x = 0.1$、0.14 的 r_A/r_B
值分别为 1.08 和 0.95，不在烧绿石结构的范围内 (1.46～1.78)。因此，尽管烧绿石结构有
更多的有序性，但根据文献[4]报道，随着铀含量的增加，r_A/r_B 值的降低表明固化体的结
构比烧绿石结构具有更好的抗辐照性。

　　改变 X 射线掠入射角，研究在辐照剂量为 1×10^{17} ions/cm^2 时，0.5MeV He^{2+} 辐照
对样品的辐照效应，分析辐照深度对辐照样品的影响。图 7.4 和图 7.5 为以 $\gamma = 0.5°$、
1.0°、1.5°、2.0°、2.5°、3.0° 和 10.0° 辐照 $(Gd_{1-4x}U_{2x})_2(Zr_{1-x}U_x)_2O_7$ $(x = 0.1$、0.14) 样品
的 GIXRD 图 (X'Pert 程序计算得到的 X 射线表征深度分别为 0.193μm、0.386μm、
0.579μm、0.771μm、0.964μm、1.157μm 和 3.838μm)。结果表明，主衍射峰的强度随
X 射线掠入射角的增加而增大。这可能是由于损伤区域主要集中在某一较浅部位，而
测量深度随掠入射角的增加而增大。根据 SRIM 模拟结果 (图 7.6)，受辐照影响的区
域主要集中在样品表面下 0～2μm 内。在较低的角度下，X 射线采集的数据主要来自
样品的浅层表面，因为在该位置样品才能主要受到辐照损伤。而 X 射线在较高的角度
下穿透得更深，因此更多的信息将从未损坏的块体中获得。基于上述结论，以下采用
$\gamma = 0.5°$ 进行讨论分析。

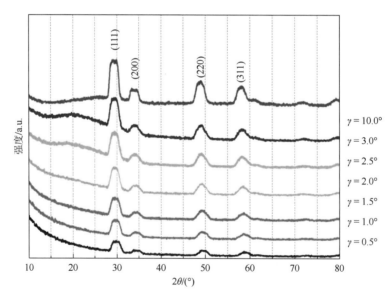

图 7.4　$(Gd_{1-4x}U_{2x})_2(Zr_{1-x}U_x)_2O_7$ $(x = 0.1)$ 固化体经 He^{2+} 辐照后 (0.5MeV、1×10^{17} ions/cm^2) 所得 GIXRD
曲线 ($\gamma = 0.5°$～10.0°)

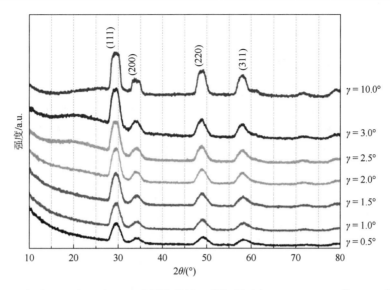

图 7.5　$(Gd_{1-4x}U_{2x})_2(Zr_{1-x}U_x)_2O_7 (x = 0.14)$ 固化体经 He^{2+} 辐照后 $(0.5MeV、1×10^{17}ions/cm^2)$ 所得 GIXRD
曲线 $(\gamma = 0.5°\sim10.0°)$

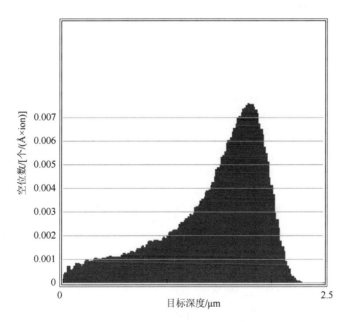

图 7.6　SRIM 模拟 $(Gd_{1-4x}U_{2x})_2(Zr_{1-x}U_x)_2O_7 (x = 0.1)$ 固化体经 He^{2+} 辐照后 $(0.5MeV、1×10^{17}ions/cm^2)$ 的
结构损伤分布图

图 7.7(a) ～ (c) 为 $(Gd_{1-4x}U_{2x})_2(Zr_{1-x}U_x)_2O_7 (x = 0、0.1、0.14)$ 固化体经 He^{2+} 辐照后
$(0.5MeV、1×10^{14}\sim1×10^{17}ions/cm^2)$ 所得归一化 GIXRD 曲线 $(\gamma = 0.5°)$。各化合物的主衍
射峰强度 [分别为(111)、(200)、(220) 和 (311)] 随辐照剂量的增加而减小，主衍射峰宽
度随辐照剂量的增加而增大。因此，可知样品保持了主要的晶体结构，但由于辐照强度的
增强，$Gd_2Zr_2O_7$ 的超晶格峰完全消失，在测量的深度范围内导致样品的无序度增加。

为了研究铀含量对固化体样品抗辐照性的影响，图 7.7 (d) 比较了 $(Gd_{1-4x}U_{2x})_2(Zr_{1-x}U_x)_2O_7$ ($x = 0$、0.1、0.14) 固化体样品在 0.5MeV He^{2+} 辐照下 ($1 \times 10^{17}ions/cm^2$) 的归一化 GIXRD 曲线，并对表 7.6 关于归一化 GIXRD 曲线中 (111) 峰的最大强度和 FWHM 展开进一步的分析。结果表明，随着辐照剂量的增加，所有样品的强度均呈下降趋势。此外，在最大辐照剂量 ($1 \times 10^{17}ions/cm^2$) 辐照下，$Gd_2Zr_2O_7$ 样品的最高衍射峰强度基本上高于掺 U 样品的最高衍射峰强度。除此之外，$Gd_2Zr_2O_7$ 样品在最高衍射峰强度上比 $(Gd_{1-4x}U_{2x})_2(Zr_{1-x}U_x)_2O_7$ ($x = 0.1$、0.14) 样品的衍射峰强度都弱。

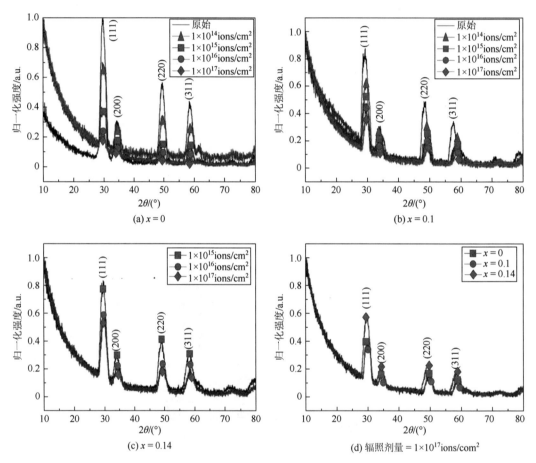

图 7.7 $(Gd_{1-4x}U_{2x})_2(Zr_{1-x}U_x)_2O_7$ ($x = 0$、0.1、0.14) 固化体经 He^{2+} 辐照前与辐照后 (0.5MeV、$1 \times 10^{14} \sim 1 \times 10^{17}ions/cm^2$) 所得归一化 GIXRD 曲线 ($\gamma = 0.5°$)

表 7.6 归一化 GIXRD 曲线中 (111) 峰的最大强度和 FWHM

x	原始样品		$1 \times 10^{14}ions/cm^2$		$1 \times 10^{15}ions/cm^2$		$1 \times 10^{16}ions/cm^2$		$1 \times 10^{17}ions/cm^2$	
	最大强度 /a.u.	FWHM /(°)	最大强度 /a.u.	FWHM /(°)	最大强度 /a.u.	FWHM /(°)	最大强度 /a.u.	FWHM /(°)	最大强度 /a.u.	FWHM /(°)
0	0.99	2.03	0.70	2.25	0.38	1.97	0.24	1.97	0.21	2.17
0.1	0.82	1.97	0.38	2.25	0.48	2.25	0.37	2.25	0.37	2.25
0.14	0.83	2.25	—	—	0.60	2.25	0.60	2.25	0.48	2.25

上述数据中 XRD 峰强度下降表明，固化体样品由于缺陷导致内部结构无序度增加。但 $(Gd_{1-4x}U_{2x})_2(Zr_{1-x}U_x)_2O_7$ 样品的强度变化特征表明，随着铀含量的增加，其抗辐照性明显增强。这与以往对 $A_2B_2O_7$ 化合物的离子辐照实验结果相一致，即离子半径比 (r_A/r_B) 对氧化物的抗辐照性有一定的影响[5-7]。由于这些化合物具有更相似的阳离子半径，它们更有可能将辐照引起的缺陷注入其晶格，并在辐照下表现得更好。对于 $(Gd_{1-4x}U_{2x})_2(Zr_{1-x}U_x)_2O_7$ $(x = 0、0.1、0.14)$ 固化体样品，r_A/r_B 从 $1.46(x = 0)$ 降到 $0.95(x = 0.14)$。此外，萤石结构本身比烧绿石结构具有更强的抗辐照性[8]。$(Gd_{1-4x}U_{2x})_2(Zr_{1-x}U_x)_2O_7(x = 0、0.1、0.14)$ 固化体样品在 $x = 0$ 时为烧绿石结构，在 $x = 0.1、0.14$ 时为萤石结构。综合这两个方面解释了 $(Gd_{1-4x}U_{2x})_2(Zr_{1-x}U_x)_2O_7(x = 0、0.1、0.14)$ 固化体样品的抗辐照性随铀含量的增加而系统地增加的原因。另外，单个样品的 FWHM 几乎没有变化，这表明在所讨论的通量范围内几乎没有诱导非晶化。这与先前的观点是一致的，$Gd_2Zr_2O_7$ 没有辐照非晶化的证据，即使对于电子能损失最大的吉电子伏特离子也是如此[9, 10]。

7.3.2　固化体的微观结构变化

图 7.8 为辐照前后 $(Gd_{1-4x}U_{2x})_2(Zr_{1-x}U_x)_2O_7(x = 0、0.1、0.14)$ 固化体样品的拉曼光谱分析。值得一提的是，根据文献[11]所述，缺陷型萤石结构中只有一种拉曼活性模式。然而，本节可以清晰地观察到两种拉曼振动峰，应采用结构变化的过程来解释这一现象[12-14]。$(Gd_{1-4x}U_{2x})_2(Zr_{1-x}U_x)_2O_7(x = 0、0.1、0.14)$ 固化体样品结构的变化是受到元素取代、含量变化及阳离子半径比改变影响的一个渐变的过程。因此，原始的烧绿石结构会影响取代样品的最终拉曼光谱图。在 $(Gd_{1-4x}U_{2x})_2(Zr_{1-x}U_x)_2O_7(x = 0、0.1、0.14)$ 固化体样品的拉曼光谱图中，在 $516cm^{-1}$ 附近的拉曼振动峰归属于初始结构[15, 16]。在 $700cm^{-1}$ 附近主要的吸收带为 U 掺杂样品的主要特征，与 O—U—O—U 键有关[17]。

辐照之后，主要拉曼特征峰存在两种趋势的振动模式。在受辐照剂量超过 $1 \times 10^{15}ions/cm^2$ 辐照后 $Gd_2Zr_2O_7$ 的主要拉曼振动峰表现出略微的宽化以及强度的降低。但是，如图 7.8(b) 所示，通过进一步分析仍可以发现这些基本峰的存在，另外，U 掺杂样品除强度增加外，即使达到 $1 \times 10^{17}ions/cm^2$ 的最大辐照剂量，也只表现出轻微的拉曼变化，表明其抗辐照性较好。

$Gd_2Zr_2O_7$ 的拉曼主衍射峰存在峰变宽和强度减弱的现象表明，化学键存在明显的局部无序和畸变[18]。然而，根据图 7.8(b) 可观察到 $750cm^{-1}$ 附近没有峰，从而表明样品具有很微弱的无定形化[10, 19]。尽管如此，通过对比曲线，U 掺杂样品依然比 $Gd_2Zr_2O_7$ 具有更好的抗辐照性。在 FWHM 上的研究结果和以往的实验结果非常吻合，即有序烧绿石结构向缺陷型萤石结构的转变能随 r_A/r_B 的增大而减小[19]。正如 7.3.1 节所提到的，$Gd_2Zr_2O_7$ 的 $r_A/r_B(1.46)$ 远远大于 U 掺杂样品(其中 $x = 0.1$ 和 0.14 的阳离子半径比分别为 1.08 和 0.95)。

拉曼效应是由特定频率的外光子与样品中的振动模(声子)相互作用引起的。拉曼强度取决于材料的声子形变势，它对应于振动频率的变化。当快速的 α 粒子击穿样品表面时，它们将通过弹性或非弹性碰撞将能量传递给块体中的原子。应变引起的键畸变和简单缺陷是拉曼变化的原因之一，因此可以通过拉曼光谱测量晶格应变和缺陷浓度，这种技术在其他材料上得到了广泛的应用[20-24]。另外，光热效应将使上述效应更加明显。

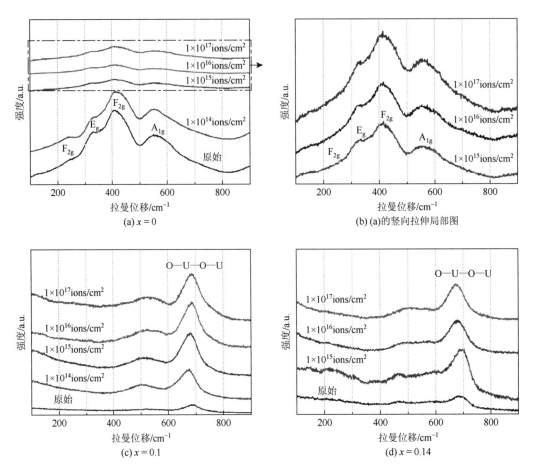

图 7.8　$(Gd_{1-4x}U_{2x})_2(Zr_{1-x}U_x)_2O_7$ $(x = 0$、0.1、0.14$)$固化体经 He^{2+}辐照前与辐照后$(0.5MeV、1×10^{14}～1×10^{17}ions/cm^2)$所得激光拉曼光谱图

7.3.3　固化体的微观形貌变化

图 7.9 和图 7.10 为通过 SEM 和 EDS 观察样品辐照前后的微观形貌以及元素分布。如图 7.9(a) 和 (c) 所示，在辐照前可观察到 $Gd_2Zr_2O_7$ 与 $(Gd_{1-4x}U_{2x})_2(Zr_{1-x}U_x)_2O_7$ $(x = 0.14)$ 样品的晶粒大小有明显的差异。这种差异将归因于铀较低的熔点，使得初始制备过程促进了固化体中晶粒的生长。在受到辐照剂量为 $1×10^{17}ions/cm^2$ 的辐照后，样品的表面无明显的退化现象，同时，如图 7.9(b) 和 (d) 所示，辐照后的样品的表面也较为光滑。图 7.10 为 $(Gd_{1-4x}U_{2x})_2(Zr_{1-x}U_x)_2O_7$ $(x = 0.14)$ 固化体样品的元素分布图，可观察到，所有的 O、Zr、U 和 Gd 元素在受辐照后表现出良好的均匀性，并没有出现任何元素偏聚。这表明在辐照过程中，样品并没有出现新相，这与 GIXRD 结果是一致的。

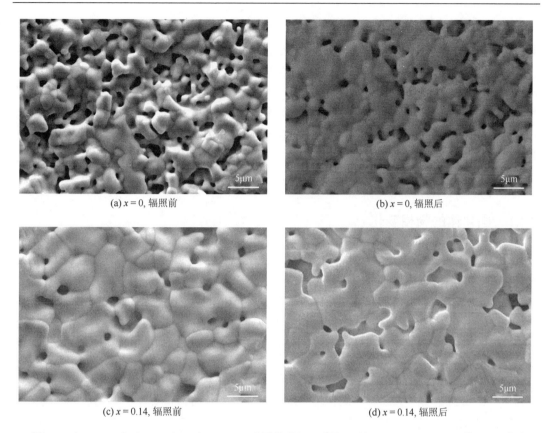

(a) $x = 0$, 辐照前　　　　　　　　　　　　(b) $x = 0$, 辐照后

(c) $x = 0.14$, 辐照前　　　　　　　　　　(d) $x = 0.14$, 辐照后

图 7.9　$(Gd_{1-4x}U_{2x})_2(Zr_{1-x}U_x)_2O_7$ $(x = 0、0.14)$ 固化体经 He^{2+} 辐照前后 $(0.5MeV、1×10^{17}ions/cm^2)$ 所得 SEM 照片

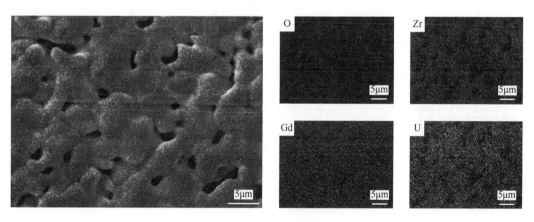

图 7.10　$(Gd_{1-4x}U_{2x})_2(Zr_{1-x}U_x)_2O_7$ $(x = 0.14)$ 固化体经 He^{2+} 辐照后 $(0.5MeV、1×10^{17}ions/cm^2)$ 所得 EDS 测试结果

7.4　固化体的重离子辐照效应

采用工作功率为 2.2kW 的 X 射线衍射仪 (X'Pert PRO，PANalytical B.V.，荷兰) 表征

$(Gd_{1-4x}U_{2x})_2(Zr_{1-x}U_x)_2O_7(x = 0.1、0.4)$ 样品的晶相结构 $(\lambda = 1.5406\text{Å})$。收集数据 2θ 为 $10°\sim$ $90°$，扫描速率为 $2°/min$。利用 GIXRD（X'Pert PRO，PANalytical B.V.，荷兰）分析辐照后 $(Gd_{1-4x}U_{2x})_2(Zr_{1-x}U_x)_2O_7(x = 0.1、0.14)$ 的晶相组成和晶体结构的演变 $(\lambda = 1.5406\text{Å})$。利用激光拉曼光谱仪（inVia，Renishaw，英国）对辐照后样品的结构演化进行表征。考虑到对不同激光波长的敏感性，将激光拉曼光谱仪的入射激光束 $(\lambda = 785nm)$ 通过 50 倍物镜聚焦到约 $2\mu m$ 的光斑处。激光拉曼光谱仪的功率为 $1.7mW$，照射时间为 $10s$，扫描 2 次。利用 FESEM（Ultra55，Carl Zeiss AG，德国）观察辐照样品的微观形貌。采用 EDX 进行元素分布分析。使用 TEM（Libra200FE，Carl Zeiss AG，德国）观察辐照样品的亚显微结构。

7.4.1　固化体的物相变化

图 7.11 为辐照前 $(Gd_{1-4x}U_{2x})_2(Zr_{1-x}U_x)_2O_7(x = 0.1、0.14)$ 样品的 XRD 曲线。在 $2\theta = 14°$、$27°$ 和 $37°$ 不可直接观察到具有典型的烧绿石超晶格峰，可以推断，这两种 U 掺杂样品 $[(Gd_{1-4x}U_{2x})_2(Zr_{1-x}U_x)_2O_7(x = 0.1、0.14)]$ 具有缺陷型萤石结构。当 $x = 0.1$ 时，样品的 r_A/r_B 为 1.08，而当 $x = 0.14$ 时为 0.95，这两个半径比的值不在烧绿石结构 r_A/r_B 要求范围内 $(r_A/r_B = 1.46\sim1.78)$。相比较于 $x = 0.14$ 样品的密度，$x = 0.1$ 样品的密度要高一点。这表明随着 U 含量从 $x = 0.1$ 提高到 $x = 0.14$，样品的结晶程度提高。这同时表明，$x = 0.14$ 样品的非晶化程度降低，抗辐照性提高。

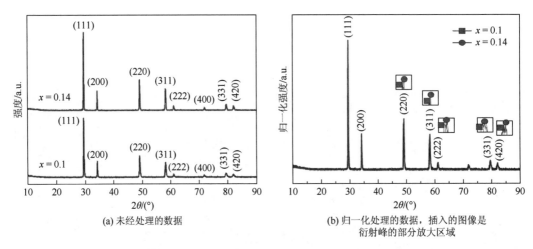

(a) 未经处理的数据　　　　　　　　(b) 归一化处理的数据，插入的图像是
　　　　　　　　　　　　　　　　　　衍射峰的部分放大区域

图 7.11　$(Gd_{1-4x}U_{2x})_2(Zr_{1-x}U_x)_2O_7(x = 0.1、0.14)$ 样品的 XRD 图谱

在 $1\times10^{15}ions/cm^2$ 的辐照剂量下，首次对辐照后的 $(Gd_{1-4x}U_{2x})_2(Zr_{1-x}U_x)_2O_7(x = 0.1、$ $0.14)$ 样品进行分析。图 7.12 为在 $\gamma = 0.5°$、$1.0°$、$1.5°$、$2.0°$、$2.5°$ 和 $3.0°$ 不同辐照掠入射角下的 GIXRD 分析。所有 U 掺杂样品经重离子辐照后均呈现为具有缺陷的萤石结构。计算出上述掠入射角下的 X 射线探测深度分别为 $0.131\mu m$、$0.262\mu m$、$0.393\mu m$、$0.524\mu m$、$0.655\mu m$ 和 $0.786\mu m^{[25-27]}$。GIXRD 分析结果得到了与 XRD 相似的结果，$x = 0.14$ 样品的峰强高于 $x = 0.1$ 的样品。由于 SRIM 广泛地用于计算与离子束注入和离子束处理有关的

许多参数[27, 28]，本节采用 1.5MeV Xe^{20+}对 $(Gd_{1-4x}U_{2x})_2(Zr_{1-x}U_x)_2O_7(x=0.1)$ 固化体样品的辐照进行 SRIM 计算，从而模拟自辐照条件下的辐照效应。如图 7.13 所示，碰撞事件集中在 0~0.7μm。随着掠入射角逐渐从 0.5°增加到 3.0°，GIXRD 的衍射强度和探测深度逐步增强，从而逐渐检测到被测样品的未辐照区域[25, 28]。因此，在 $\gamma = 0.5°$时的 GIXRD 数据是最有价值的，同时能够运用于对 $(Gd_{1-4x}U_{2x})_2(Zr_{1-x}U_x)_2O_7(x=0.1、0.14)$ 样品的辐照影响研究。

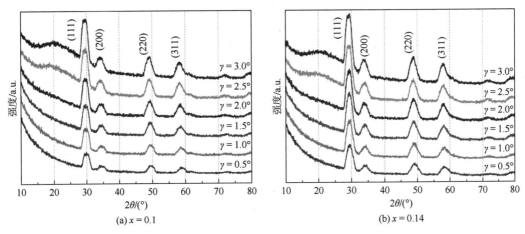

图 7.12　$(Gd_{1-4x}U_{2x})_2(Zr_{1-x}U_x)_2O_7(x=0.1、0.14)$ 固化体经 Xe^{20+}辐照后（1.5MeV、$1×10^{15}$ions/cm^2）所得 GIXRD 曲线（$\gamma = 0.5°~3.0°$）

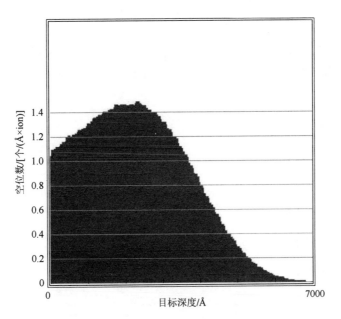

图 7.13　SRIM 模拟 $(Gd_{1-4x}U_{2x})_2(Zr_{1-x}U_x)_2O_7(x=0.1)$ 固化体经 Xe^{20+}辐照后（1.5MeV、$1×10^{15}$ions/cm^2）的结构损伤分布图

图 7.14 为 $(Gd_{1-4x}U_{2x})_2(Zr_{1-x}U_x)_2O_7$ $(x = 0.1、0.14)$ 样品在 $\gamma = 0.5°$ 的归一化 GIXRD 图谱。样品采用 $1 \times 10^{12} \sim 1 \times 10^{15}$ ions/cm^2 辐照剂量的 1.5MeV Xe^{20+} 展开辐照实验。图 7.14(a) 表明了 $x = 0.1$ 时样品的主要衍射峰，其布拉格衍射角随辐照剂量的增加而向低 2θ 方向移动。这意味着基于布拉格方程得到了更高的平面间距（d 值），这表明晶格参数随着辐照剂量的加强而增加[29]。如图 7.14(b) 所示，$x = 0.14$ 的样品也观察到了同样的现象，但相应的峰没有明显的偏移。为了量化衍射图案，使用 4.1.4 节的方法从相应的 GIXRD 线的净面积计算非晶态分数（f_A）。

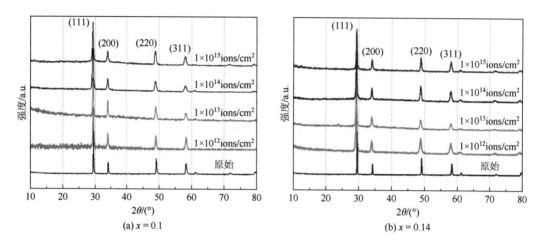

图 7.14　$(Gd_{1-4x}U_{2x})_2(Zr_{1-x}U_x)_2O_7$ $(x = 0.1、0.14)$ 固化体经 Xe^{20+} 辐照后（1.5MeV、$1 \times 10^{12} \sim 1 \times 10^{15}$ ions/cm^2）所得 GIXRD 曲线（$\gamma = 0.5°$）

根据如图 7.15 所示的计算结果，非晶态分数随着辐照剂量的增加而逐渐增加。同时在相同的辐照剂量条件下，$x = 0.14$ 时样品的非晶态分数比 $x = 0.1$ 的低一点。

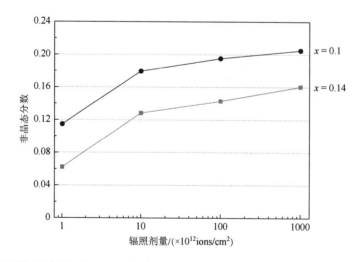

图 7.15　不同辐照剂量下 $(Gd_{1-4x}U_{2x})_2(Zr_{1-x}U_x)_2O_7$ $(x = 0.1、0.14)$ 固化体样品的非晶态分数

这个结果表明，较高的 U 含量有利于提高含 U 的 $Gd_2Zr_2O_7$ 的抗辐照性。然而，随着 U 含量的增加，也可检测到 $Gd_2Zr_2O_7$ 的化学结构演化，从而逐渐诱导出相应的辐照效应的变化。

7.4.2　固化体的微观结构变化

图 7.16 为 $(Gd_{1-4x}U_{2x})_2(Zr_{1-x}U_x)_2O_7$（$x = 0$、0.1、0.14）固化体样品未辐照下的拉曼光谱图。从图中可以看出：随着 x 值的增加，振动强度降低，振动模态减小，谱带峰变宽，表明含 U 样品的无序度随着 x 值的增加而逐渐增强。值得注意的是，在拉曼光谱中只有两个振动带，与一般烧绿石结构（$E_g + A_{1g} + 4F_{2g}$）不同。在 $700cm^{-1}$ 附近的相对不同的两个条带是由两个 A_{1g} 的 U—O 拉伸振动而组成的 U_3O_8[17]。而在 $500cm^{-1}$ 附近较弱的带是由原始烧绿石结构的 F_{2g} 振动模式所产生的[30, 31]。随着 U 含量的增加，在 A 位与 B 位上的阳离子半径越来越接近，每个阳离子的位置都是随机被取代的[32, 33]。结果表明较高的 U 含量导致样品由典型的烧绿石结构转变为具有缺陷的萤石结构。

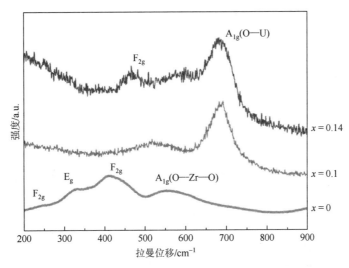

图 7.16　未受辐照 $(Gd_{1-4x}U_{2x})_2(Zr_{1-x}U_x)_2O_7$（$x = 0$、0.1、0.14）固化体样品的拉曼光谱图

图 7.17 为不同辐照剂量下 $(Gd_{1-4x}U_{2x})_2(Zr_{1-x}U_x)_2O_7$（$x = 0.1$、0.14）样品的拉曼光谱图。辐照剂量在 $1×10^{12}$～$1×10^{14}ions/cm^2$ 内固化体样品的拉曼光谱图较为稳定。随着辐照剂量增加至 $1×10^{15}ions/cm^2$，在 $500cm^{-1}$ 和 $700cm^{-1}$ 附近的振动带变宽并且强度有所下降。这表明内部的无序度有所增加。同时，$x = 0.1$ 时的样品在最高辐照剂量下存在一个明显的红移现象，这可由在此辐照剂量下明显的带展宽以及强度增加现象来解释，导致 A_{1g} 和 A_{2g} 振动模式的合并，使峰向中间偏移[34, 35]。相反地，在 $x = 0.14$ 时的样品中检测到辐照剂量具有连续的蓝移现象，这与晶体的压力有关[36, 37]。这种压力会影响晶格的光子，导致拉曼光谱位置的微妙变化[38, 39]。这些因素会导致 $x = 0.1$ 时的样品的拉曼光谱在初始阶段受到两种综合效应的影响从而发生细微的偏移。另外，不同于 $x = 0.1$ 样品的振动强度，

$x = 0.14$ 的样品的主振动峰的强度并没有较为明显的变化。这个结果表明在 $Gd_2Zr_2O_7$ 烧绿石中掺入高浓度的 U 可以提高固化体的抗辐照性，从而会使经重离子辐照后的样品从烧绿石结构转变为具有缺陷的萤石结构。

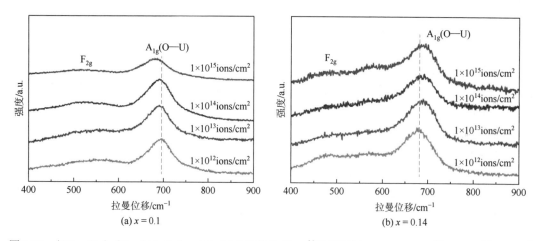

(a) $x = 0.1$　　　　　　　　　　(b) $x = 0.14$

图 7.17　$(Gd_{1-4x}U_{2x})_2(Zr_{1-x}U_x)_2O_7\,(x = 0.1、0.14)$ 固化体经 Xe^{20+} 辐照后$(1.5MeV、1\times10^{12}\sim1\times10^{15}ions/cm^2)$所得拉曼光谱图 $(\gamma = 0.5°)$

7.4.3　固化体的微观形貌变化

采用 SEM、EDX 和 HRTEM 分析对比辐照前样品与经重离子辐照后的样品的微观形貌。图 7.18 为经 $1\times10^{15}ions/cm^2$ 辐照剂量辐照后样品的 FESEM 图片，这些样品在表面形貌的微观尺寸方面是有区别的。在相同的尺寸下，晶粒越细，晶界越清晰。相对于 $(Gd_{1-4x}U_{2x})_2(Zr_{1-x}U_x)_2O_7\,(x = 0.1)$ 的样品，$x = 0.14$ 的样品在辐照前后可观察到更加清晰的

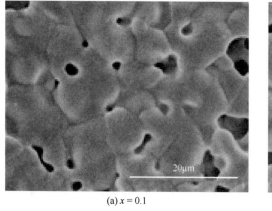 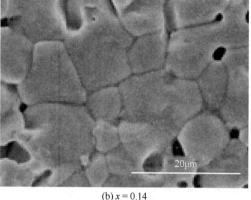

(a) $x = 0.1$　　　　　　　　　　(b) $x = 0.14$

图 7.18　$(Gd_{1-4x}U_{2x})_2(Zr_{1-x}U_x)_2O_7\,(x = 0.1、0.14)$ 固化体经 Xe^{20+} 辐照后$(1.5MeV、1\times10^{15}ions/cm^2)$所得 FESEM 图

晶界。这种现象可能由初始原料组成和辐照效应所致。$(Gd_{1-4x}U_{2x})_2(Zr_{1-x}U_x)_2O_7$ $(x = 0.14)$ 样品的晶粒较细可能是由高浓度的 U 所造成的。这是由于 U 的熔点比 Gd 和 Zr 都要低一点，U 的掺入对晶粒的生长有一定程度的促进作用。另外，在所有样品的辐照的表面都可以观察到晶粒的生长。这表明样品在受到辐照后会通过调整微观形态来抵抗潜在的损伤。图 7.19 表明经辐照后，$(Gd_{1-4x}U_{2x})_2(Zr_{1-x}U_x)_2O_7$ $(x = 0.1 \text{、} 0.14)$ 固化体样品中所含的元素都均匀地分布在样品的表面，这表明重离子辐照并不能对该系列样品的元素分布造成影响。

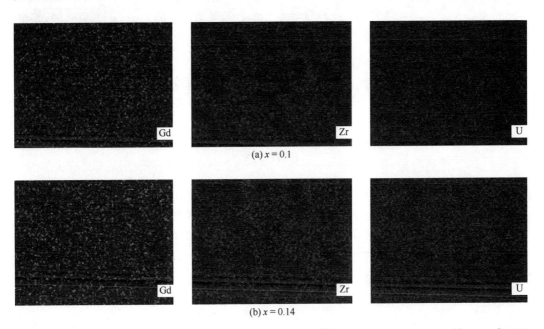

图 7.19 $(Gd_{1-4x}U_{2x})_2(Zr_{1-x}U_x)_2O_7$ $(x = 0.1 \text{、} 0.14)$ 固化体经 Xe^{20+} 辐照后 $(1.5\text{MeV}、1×10^{15}\text{ions/cm}^2)$ 所得 EDX 图

通过 HRTEM 分析(图 7.20)，探讨 $(Gd_{1-4x}U_{2x})_2(Zr_{1-x}U_x)_2O_7$ $(x = 0.1 \text{、} 0.14)$ 样品的微观形貌变化。HRTEM 图像表征样品在达到辐照深度的临界点上的原子排列。观察到图 7.20(a) 中的晶格条纹很难被检测到，这表明 $(Gd_{1-4x}U_{2x})_2(Zr_{1-x}U_x)_2O_7$ $(x = 0.1)$ 样品在受到以辐照剂量为 $1×10^{15}\text{ions/cm}^2$ 的重离子辐照后转变为无定形结构。测试区域的 SAED 模式 [插入图 7.20(a) 的右上角] 证明该样品存在无定形结构。同样，$(Gd_{1-4x}U_{2x})_2(Zr_{1-x}U_x)_2O_7$ $(x = 0.14)$ 样品的 HRTEM 图像也显示出一个细微的无定形结构，如图 7.20(b) 所示。然而，图 7.20(b) 中存在的晶格条纹和 SAED 模式表明，$(Gd_{1-4x}U_{2x})_2(Zr_{1-x}U_x)_2O_7$ $(x = 0.14)$ 样品的结晶度比 $(Gd_{1-4x}U_{2x})_2(Zr_{1-x}U_x)_2O_7$ $(x = 0.1)$ 样品高得多。同时，采用 FFT 和 $(Gd_{1-4x}U_{2x})_2(Zr_{1-x}U_x)_2O_7$ $(x = 0.14)$ 样品的晶格条纹参数验证了所测相位为具有缺陷的萤石结构。

从 SEM 和 HRTEM 的微观形貌分析可以得出，随着 U 含量的增加，样品的无序度逐渐降低，这也符合上述 GIXRD 与拉曼光谱所得出的结论。基于 Sickafus 等[4]的研究，烧绿石的辐照稳定性与 r_A/r_B 存在极大的联系。r_A/r_B 越低，抗辐照性则越强。$(Gd_{1-4x}U_{2x})_2(Zr_{1-x}U_x)_2O_7$ $(x = 0.1)$ 的样品的 r_A/r_B 值为 1.08，而 $(Gd_{1-4x}U_{2x})_2(Zr_{1-x}U_x)_2O_7$ $(x = 0.14)$ 的样

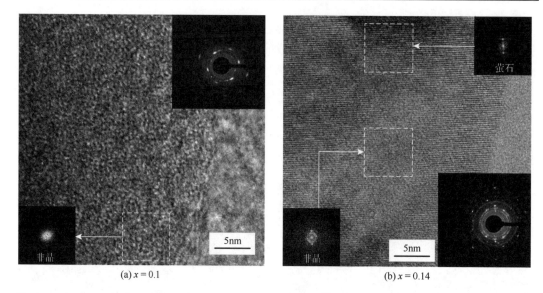

(a) x = 0.1　　　　　　　　　　　　　(b) x = 0.14

图 7.20　$(Gd_{1-4x}U_{2x})_2(Zr_{1-x}U_x)_2O_7$（x = 0.1、0.14）固化体经 Xe^{20+} 辐照后（1.5MeV、1×10^{15}ions/cm²）所得 HRTEM 图

品的 r_A/r_B 则有所降低，为 0.95。因此，$(Gd_{1-4x}U_{2x})_2(Zr_{1-x}U_x)_2O_7$（x = 0.14）的样品具有较高的抗辐照性。图 7.21 描述了 U 占位 $Gd_2Zr_2O_7$ 的整个辐照过程。首先，随着 U 含量增加，固化体的结构由初始的烧绿石结构转变为具有缺陷的萤石结构。其次，在重离子辐照下，重离子与晶格阳离子的碰撞导致原子位移，这更加促进了晶相无序度的增加。同时在高辐照剂量的辐照下，具有缺陷的萤石结构最终转变为无定形结构。这个结果表明，在重离子辐照条件下可产生部分非晶相。

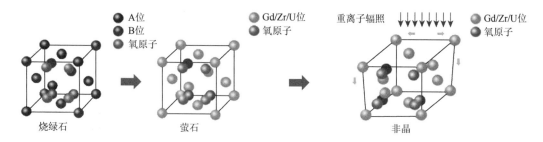

图 7.21　掺杂 U 和重离子辐照下固化体的晶相演化和非晶化过程示意图

参 考 文 献

[1]　Shu X Y, Fan L, Xie Y, et al. Alpha-particle irradiation effects on uranium-bearing $Gd_2Zr_2O_7$ ceramics for nuclear waste forms[J]. Journal of the European Ceramic Society, 2017, 37（2）: 779-785.

[2]　Shu X Y, Lu X R, Fan L, et al. Design and fabrication of $Gd_2Zr_2O_7$ based waste forms for U_3O_8 immobilization in high capacity[J]. Journal of Materials Science, 2016, 51（2）: 5281-5289.

[3]　Chung C K, Shamblin J, O'Quinn E C, et al. Thermodynamic and structural evolution of $Dy_2Ti_2O_7$, pyrochlore after swift heavy ion irradiation[J]. Acta Materialia, 2018, 145（2）: 227-234.

[4]　Sickafus K E, Minervini L, Grimes R W, et al, Radiation tolerance of complex oxides[J]. Science, 2000, 289(8): 748-751.

[5]　Lu X R, Fan L, Shu X Y, et al. Phase evolution and chemical durability of Co-doped Gd₂Zr₂O₇ ceramics for nuclear waste forms[J]. Ceramics International, 2015, 41(2): 6344-6349.

[6]　Donald I W, Metcalfe B L, Taylor R N. The immobilization of high level radioactive wastes using ceramics and glasses[J]. Journal of Materials Science, 1997, 32(1): 5851-5887.

[7]　Sickafus K E, Grimes R W, Valdez J A, et al. Radiation-induced amorphization resistance and radiation tolerance in structurally related oxides[J]. Nature Materials, 2007, 6(7): 217-223.

[8]　Lian J, Wang L, Chen J, et al. The order-disorder transition in ion-irradiated pyrochlore[J]. Acta Materialia, 2003, 51(3): 1493-1502.

[9]　Zhang J, Lang M, Lian J, et al. Liquid-like phase formation in Gd₂Zr₂O₇ by extremely ionizing irradiation[J]. Journal of Applied Physics, 2009, 105(9): 510-518.

[10]　Lang M, Zhang F, Zhang J, et al. Review of A₂B₂O₇ pyrochlore response to irradiation and pressure[J]. Nuclear Instruments and Methods in Physics Research Section B: Beam Interactions with Materials and Atoms, 2010, 268(2): 2951-2959.

[11]　Kong L, Karatchevtseva I, Gregg D J, et al. Gd₂Zr₂O₇ and Nd₂Zr₂O₇ pyrochlore prepared by aqueous chemical synthesis[J]. Journal of the European Ceramic Society, 2013, 33(3): 3273-3285.

[12]　Su S J, Ding Y, Shu X Y, et al. Nd and Ce simultaneous substitution driven structure modifications in Gd₂₋ₓNdₓZr₂₋ᵧCeᵧO₇[J]. Journal of the European Ceramic Society, 2015, 35(5): 1847-1853.

[13]　Mandal B P, Banerji A, Sathe V, et al. Order-disorder transition in Nd₂₋ᵧGdᵧZr₂O₇ pyrochlore solid solution: An X-ray diffraction and Raman spectroscopic study[J]. Journal of Solid State Chemistry, 2007, 180(7): 2643-2648.

[14]　Kong L, Zhang Z, Reyes M. Soft chemical synthesis and structural characterization of Y₂HfₓTi₂₋ₓO₇[J]. Ceramics International, 2014, 41(4): 5309-5317.

[15]　Mandal B P, Pandey M, Tyagi A K. Gd₂Zr₂O₇ pyrochlore: Potential host matrix for some constituents of thoria based reactor's waste[J]. Journal of Nuclear Materials, 2010, 406(2): 238-243.

[16]　Garbout A, Bouattour S, Kolsi A W. Sol-gel synthesis, structure characterization and Raman spectroscopy of Gd₂₋₂ₓBi₂ₓTi₂O₇ solid solutions[J]. Journal of Alloys and Compounds, 2009, 469(9): 229-236.

[17]　Zhang F X, Lang M, Tracy C, et al. Incorporation of uranium in pyrochlore oxides and pressure-induced phase transitions[J]. Journal of Solid State Chemistry, 2014, 219(4): 49-54.

[18]　Sattonnay G, Sellami N, Thomé L, et al. Structural stability of Nd₂Zr₂O₇ pyrochlore ion-irradiated in a broad energy range[J]. Acta Materialia, 2013, 61(3): 6492-6505.

[19]　Patel M K, Vijayakumar V, Avasthi D K, et al. Effect of swift heavy ion irradiation in pyrochlores[J]. Nuclear Instruments and Methods in Physics Research Section B: Beam Interactions with Materials and Atoms, 2008, 266(8): 2898-2901.

[20]　韩驿, 彭金鑫, 李炳生, 等. He²⁺注入六方 SiC 晶体损伤效应的拉曼光谱研究[J]. 现代应用物理, 2018, 9(3): 47-52.

[21]　Han Y, Peng J X, Li B S. Lattice disorder produced in GaN by He-ion implantation[J]. Nuclear Instruments and Methods in Physics Research Section B: Beam Interactions with Materials and Atoms, 2017, 406(7): 543-547.

[22]　Liu Y Z, Li B S, Lin H, et al. Recrystallization phase in He-implanted 6H-SiC[J]. Chinense Physics Letter, 2017, 34(7): 160-163.

[23]　Li B S, Wang Z G. Structures and optical properties of H²⁺implanted GaN epi-layers[J]. Journal of Physics D-Applied Physics, 2015, 48(5): 225101.

[24]　Li B S, Zhang C H, Zhang H H, et al. Study of the damage produced in 6H-SiC by He irradiation[J]. Vacuum, 2011, 86(2): 452-456.

[25]　Egeland G W, Valdez J A, Maloy S A, et al. Heavy-ion irradiation defect accumulation in ZrN characterized by TEM, GIXRD, nanoindentation, and helium desorption[J]. Journal of Nuclear Material, 2013, 435(3): 77-87.

[26]　Sickafus K E, Minervini L, Grimes R W, et al. A comparison between radiation damage accumulation in oxides with pyrochlore and fluorite structures[J]. Radiation Effects and Defects in Solids, 2001, 155(2): 133-137.

[27]   Ziegler J F, Biersack J P. The Stopping and Range of Ions in Matter[M]//Bromley D A. Treatise on Heavy-Ion Science. Berlin: Springer, 1985.

[28]   Yang D Y, Xia Y, Wen J, et al. Role of ion species in radiation effects of $Lu_2Ti_2O_7$ pyrochlore[J]. Journal of Alloys and Compounds, 2017, 693 (7): 565-572.

[29]   Stoller R E, Toloczko M B, Was G S, et al. On the use of SRIM for computing radiation damage exposure[J]. Nuclear Instruments and Methods in Physics Research Section B: Beam Interactions with Materials and Atoms, 2013, 310 (3): 75-80.

[30]   Shu X Y, Fan L, Lu X R, et al. Structure and performance evolution of the system $(Gd_{1-x}Nd_x)_2(Zr_{1-y}Ce_y)_2O_7$ $(0 \leqslant x, y \leqslant 1.0)$ [J]. Journal of the European Ceramic Society, 2015, 35 (11): 3095-3102.

[31]   Glerup M, Nielsen O F, Poulsen F W. The structural transformation from the pyrochlore structure $A_2B_2O_7$ to the fluorite structure AO_2 studied by Raman spectroscopy and defect chemistry modeling[J]. Journal of Solid State Chemistry, 2001, 160 (2): 25-32.

[32]   Belin R C, Valenza P J, Raison P E, et al. Synthesis and rietveld structure refinement of americium pyrochlore $Am_2Zr_2O_7$[J]. Journal of Alloys and Compounds, 2008, 448 (8): 321-324.

[33]   Liu Z G, Ouyang J H, Zhou Y, et al. Preparation, structure and electrical conductivity of pyrochlore-type samarium-lanthanum zirconate ceramics[J]. Materials and Design, 2011, 32 (8): 4201-4206.

[34]   Frost R L, Weier M L, Martens W N, et al. Thermo-Raman spectroscopic study of the uranium mineral sabugalite[J]. Journal of Raman Spectroscopy, 2010, 36 (8): 797-805.

[35]   Graves P R. Raman microprobe spectroscopy of uranium dioxide single crystals and ion implanted polycrystals[J]. Applied Spectroscopy, 1990, 44 (10): 1665-1667.

[36]   Liu B, Wu D, Qi J, et al. Raman spectroscopic study on Hela cells irradiated by X rays of different doses[J]. Chinese Optics Letters, 2009, 7 (8): 734-737.

[37]   Kirkire M D, Dubey S K. Micro Raman scattering and GA-XRD studies of swift heavy (200MeV) silver ion irradiated gallium phosphide[J]. International Journal of Molecular Sciences, 2015, 4 (8): 711-712.

[38]   Krishna R, Jones A N, Edge R, et al. Residual stress measurements in polycrystalline graphite with micro-Raman spectroscopy[J]. Radiation Physics and Chemistry, 2015, 111 (2): 14-23.

[39]   Mcnamara D, Alveen P, Carolan D, et al. Numerical analysis of the strength of polycrystalline diamond as a function of microstructure[J]. International Journal of Refractory Metals and Hard Materials, 2015, 52 (2): 195-202.